常用安全生产名词术语规范

应急管理部国家安全科学与工程研究院　组织编写

应急管理出版社

·北　京·

图书在版编目（CIP）数据

常用安全生产名词术语规范/应急管理部国家安全科学与工程研究院组织编写． --北京：应急管理出版社，2021

ISBN 978-7-5020-7784-6

Ⅰ.①常… Ⅱ.①应… Ⅲ.①安全生产—名词术语—词典 Ⅳ.①X93-61

中国版本图书馆 CIP 数据核字（2021）第 056091 号

常用安全生产名词术语规范

组织编写	应急管理部国家安全科学与工程研究院
责任编辑	唐小磊　尹忠昌
编　　辑	郑素梅
责任校对	赵　盼
封面设计	罗针盘
出版发行	应急管理出版社（北京市朝阳区芍药居 35 号　100029）
电　　话	010-84657898（总编室）　010-84657880（读者服务部）
网　　址	www.cciph.com.cn
印　　刷	北京玥实印刷有限公司
经　　销	全国新华书店
开　　本	787mm×1092mm $^1/_{16}$　印张 $7^1/_4$　字数 92 千字
版　　次	2021 年 4 月第 1 版　2021 年 4 月第 1 次印刷
社内编号	20210189　　　　　　定价　38.00 元

版权所有　违者必究

本书如有缺页、倒页、脱页等质量问题，本社负责调换，电话:010-84657880

编 写 组

主　编　孙华山
副主编　张兴凯　葛世荣　康荣学　朱红青
编写人员（按姓氏笔画排序）
　　　　　　车洪磊　左　哲　史聪灵　朱渊岳　刘　强
　　　　　　刘志强　许　铭　李志华　吴宗之　张　刚
　　　　　　张　敏　张　晴　张兴林　张晓蕾　尚文启
　　　　　　高　尚　桑海泉　黄智全　阎露璐　薛剑光

编　写　说　明

为深入贯彻落实习近平新时代中国特色社会主义思想和党的十九大和十九届二中、三中、四中、五中全会精神，为安全生产工作、科技话语体系建设、国家应急管理体系和能力现代化提供术语支撑，应急管理部国家安全科学与工程研究院组织安全生产行业领域内有关专家学者编写了《常用安全生产名词术语规范》，旨在形成专业、规范、统一的基础性术语。

在编写过程中，综合考虑了我国安全生产工作发展现状，广泛吸纳了现有名词术语解释成果，并补充吸收了国内外新理念、新名词。具体说明如下：

（1）关于框架结构。本书分为基础术语、事故预防术语、监管监察术语、应急救援术语、事故调查处理术语、学科体系术语六个部分，共定义了366个常用安全生产名词术语。其中：基础术语是安全生产行业具有共性、通用的专业术语，包含36个词汇；事故预防是安全生产工作的重点内容，其术语包含140个词汇，分为风险防控、监测监控、行业安全、人员防护、特殊作业、安全管理六部分；监管监察术语是政府在监管工作中的常用词汇，共包含80个；应急救援包括事故发生前的应急预案、应急演练等日常工作，同时也包含事故发生后的应急救援、应急处置、应急指挥等各个环节，其术语共包含45个词汇；事故调查处理术语是在事故调查处理过程中常用的词汇，包括事故认定、统计分析、事故调查等，共27个；学科体系术语是安全科学与工程学科常用的词汇，包含38个。

（2）关于收选术语的原则。在编写过程中，我们坚持有的放矢、宁缺毋滥的原则对术语进行整理和收选。重点选择了通用性术语，基础科学理论、方法术语，有代表性的行业安全设施词汇，重点领域专有词汇（如尾矿库、边坡）；未收选或少选科学专业词汇、具体的事件/事故、机构名称及国外的制度、体系、机构名称。

（3）关于参考资料。本书的名词术语参考了党中央、国务院关于安全生产工作的重要决策部署，领导的重要讲话，国家安全生产法律法规、规章标准、规范性文件，《安全生产常用专用术语》《安全生产常用名词术语释义研究报告》《安全风险术语》《中国大百科全书》等资料。

因时间仓促，本书在编写过程中可能存在不足之处，敬请专家同仁批评指正。

编写组

2021 年 3 月

前　言

安全生产事关人的生命安全。名词术语是安全生产工作和安全科学研究的重要基础，是安全科技交流和传播的载体，可以规范事故防控与救援；是法律法规标准贯彻实施的关键，可以影响事故救援调查与处理。名不正，则言不顺；言不顺，则事不成，则礼乐不兴；礼乐不兴，则刑罚不中。本书力求适应新发展阶段，适应新发展理念，为构建新发展格局的安全生产立法、遵法守法、执法处罚提供名词术语指引，使安全生产工作更加科学、规范、严谨、统一。

为保证本书的严谨性、专业性、统一性，编写组中有长期从事安全生产监管的行政人员，有长年在一线从事安全生产管理的企业人员，有多年从事安全生产理论与技术研究的科技人员，有多年从事安全生产教学工作的人民教师。为了本书的编写，专门设置了"安全生产名词术语研究"课题，开展了长期研究，可谓对每一个名词术语纠其源、剖其性、梳其程，并认真推敲其使用场景。在编撰过程中，编写组研究了涉及安全、风险、应急的国内外标准603个、法律法规57部、书籍102部、规范性文件113个和87个企业安全生产规章制度。同时，分别组织科研教学人员、企业安全管理人员、政府安全监管人员等召开了10次研讨会，通过多种形式征求了各方面的意见建议。

本书精选编撰的366个名词术语，基本覆盖了安全生产工作全过程的关键用词用语，可供安全生产立法者、执法者、监管者、管理者和教育教学者采用。本书作为辞典类书籍，可作为安全科学与工程及其相近专业的本科生、研究生教材，是安全生产工作者的工具书。

编写组

2021年3月

目　　录

第一章　基础术语 ·· 1

1. 安全（Safety） ·· 1
2. 安全科学（Safety Science） ··· 1
3. 安全工程（Safety Engineering） ··· 1
4. 安全管理（Safety Management） ·· 1
5. 安全原理（Safety Principle） ·· 2
6. 安全生产（Work Safety） ·· 2
7. 安全生产"五要素"（"Five Elements" of Work Safety） ······················ 2
8. 安全法制（Safety Legality） ·· 2
9. 本质安全（Inherent Safety） ·· 2
10. 风险（Risk） ··· 3
11. 危险（Hazard） ··· 3
12. 危害（Endanger） ·· 3
13. 隐患（Potential Hazard） ·· 3
14. 重大隐患（Major Potential Hazard） ··· 3
15. 不安全行为（Unsafe Behavior） ·· 4
16. 不安全状态（Unsafe Status） ··· 4
17. 不安全因素（Unsafe Factor） ··· 4
18. 燃烧（Combustion） ·· 4
19. 火灾（Fire Accident） ·· 4
20. 爆燃（Deflagration） ··· 5
21. 爆轰（Detonation） ··· 5

22. 爆炸（Explosion） ·· 5
23. 爆炸极限（Explosion Limit） ·· 5
24. 事故（Accident） ·· 5
25. 工伤（Work-Related Injury） ······································· 6
26. 工伤事故（Work-Related Accident） ····························· 6
27. 危险物质（Hazardous Substances） ································ 7
28. 危险货物（Hazardous Goods） ····································· 7
29. 安全设施（Safety Facility） ··· 7
30. 防火墙（Firewall） ·· 7
31. 受限空间（Confined Space） ······································· 7
32. 生产经营单位（Business Entities） ································ 7
33. 企业主要负责人（Person in Charge of the Enterprise） ······ 8
34. 相关方（Interested Parties） ·· 8
35. 应急管理（Emergency Management） ····························· 8
36. 安全发展（Safety Development） ·································· 9

第二章 事故预防术语 ··· 10

一、风险防控 ··· 10

37. 风险管理（Risk Management） ···································· 10
38. 风险感知（Risk Perception） ······································ 10
39. 风险沟通（Risk Communication） ································ 10
40. 风险辨识（Risk Identification） ··································· 11
41. 风险评估（Risk Assessment） ····································· 11
42. 风险分级（Risk Classification） ··································· 11
43. 风险控制（Risk Control） ·· 11
44. 风险规避（Risk Aversion） ·· 12
45. 风险监测（Risk Monitoring） ····································· 12
46. 风险治理（Risk Treatment） ······································· 12
47. 风险转移（Risk Transfer） ··· 12

48. 风险承受（Risk Exposure） ······ 13

49. 剩余风险（Residual Risk） ······ 13

50. ALARP 原则（ALARP Principle） ······ 13

51. 可接受风险（Acceptable Risk） ······ 13

52. 不确定风险（Uncertain Risk） ······ 14

53. 复合风险（Compound Risk） ······ 14

54. 模糊风险（Fuzzy Risk） ······ 14

55. 安全条件论证（Safety Condition Evaluation） ······ 14

56. 安全评价（Safety Assessment） ······ 15

57. 安全预评价（Safety Pre-assessment） ······ 15

58. 安全验收评价（Safety Acceptance Assessment） ······ 16

59. 安全现状评价（Safety Status Assessment） ······ 16

60. 安全评价指标（Safety Assessment Index） ······ 17

61. 定量分析（Quantitative Analysis） ······ 17

62. 定性分析（Qualitative Analysis） ······ 17

63. 定量风险评价法（Quantitative Risk Assessment Method） ······ 17

64. 风险矩阵评价法（Risk Matrix Evaluation Method） ······ 17

65. 故障树分析法（Fault Tree Analysis） ······ 17

66. 事件树分析法（Event Tree Analysis） ······ 18

67. 危险严重度（Hazard Severity） ······ 18

68. 隐患排查治理（Potential Hazard Investigation and Treatment） ······ 18

69. 安全生产审计（Work Safety Audit） ······ 18

70. 体系认证（System Certification） ······ 18

71. 企业安全生产标准化（Standardization of Enterprise Work Safety） ······ 19

72. 企业安全生产责任体系（Enterprise Work Safety Responsibility System） ······ 19

73. 事故预测（Accident Prediction） ······ 19

74. 事故预防（Accident Prevention） ······ 19

75. 损失控制（Loss Control） …… 19
76. 安全设计（Safety Design） …… 20
77. 安全系数（Safety Coefficient） …… 20
78. 安全信息（Safety Information） …… 20

二、监测监控 …… 20

79. 应急管理信息化体系（Emergency Management Information System） …… 20
80. 安全监测（Safety Monitoring） …… 21
81. 安全预警（Safety Prewarning） …… 21
82. 安全监控系统（Safety Monitoring System） …… 21
83. 安全仪表系统（Safety Instrumented System） …… 21
84. 功能安全（Functional Safety） …… 22
85. 安全完整性（Safety Integrity） …… 22
86. 安全生命周期（Safety Lifecycle） …… 22
87. 继电保护（Relay Protection） …… 22
88. 继电保护装置（Relay Protection Equipment） …… 22
89. 连锁机构（Interlocking Mechanism） …… 23
90. 冗余设计（Redundancy Design） …… 23

三、行业安全 …… 23

91. 化学品（Chemicals） …… 23
92. 危险化学品（Hazardous Chemicals） …… 23
93. 两重点一重大（Two Keys and One Major） …… 23
94. 危险化学品安全（Hazardous Chemicals Safety） …… 24
95. 化工安全（Chemical Industry Safety） …… 24
96. 危险有害因素（Hazardous and harmful factors） …… 24
97. 化学品危险特性分类（Hazardous Characteristics Classification of Chemicals） …… 24
98. 化学品的物理危险性（Physical Hazard of Chemicals） …… 25
99. 化学品的健康危险性（Health Hazard of Chemicals） …… 25

100. 化学品的环境危险性（Environmental Hazard of Chemicals）	25
101. 易燃气体（Flammable Gas）	25
102. 易燃液体（Flammable Liquid）	25
103. 有毒物质（Toxic Substance）	26
104. 爆炸物质（Explosive Substances）	26
105. 易制毒化学品（Precursor Chemicals）	26
106. 易制爆化学品（Explosives Precursor Chemicals）	26
107. 危险源（Hazard）	27
108. 重大危险源（Major Hazard）	27
109. 危险源辨识（Hazard Identification）	27
110. 危险指数法（Risk Index Method）	27
111. 内部最小允许距离（Internal Minimum Allowable Distance）	28
112. 外部最小允许距离（External Minimum Allowable Distance）	28
113. 防火间距（Residential Building Code）	28
114. 最高容许浓度（Maximum Allowable Concentration）	28
115. 烟花爆竹（Fireworks and Firecracker）	28
116. 烟花爆竹安全（Fireworks Safety）	28
117. 煤矿安全（Coal Mine Safety）	29
118. 煤层气（Coal Bed Methane）	29
119. 瓦斯抽放（Gas Drainage）	29
120. 矿井通风系统（Mine Ventilation System）	29
121. 金属非金属矿山（Metal and Nonmetal Mine）	29
122. 金属非金属矿山安全（Metal and Nonmetal Mine Safety）	30
123. 边坡（Side Slope）	30
124. 边坡稳定（Slope Stability）	30
125. 边坡监测（Slope Monitoring）	31
126. 排土场（Waste Dump）	31
127. 尾矿库（Tailings Reservoir）	31
128. 尾矿坝（Tailings Dam）	31

129. 金属冶炼安全（Metal Smelting Safety） ………………………… 32
130. 建筑施工安全（Construction Safety） …………………………… 32
131. 城市安全（Urban Safety） ………………………………………… 32
132. 交通安全（Traffic Safety） ………………………………………… 32
133. 石油天然气安全（Oil and Gas Industry Safety） ……………… 32
134. 机械安全（Mechanical Safety） …………………………………… 32

四、人员防护 ……………………………………………………………… 33
135. 劳动保护（Labor Protection） …………………………………… 33
136. 职业健康（Occupational Health） ……………………………… 33
137. 安全防护（Safety Protection） …………………………………… 33
138. 人机功效（Ergonomic） ………………………………………… 34
139. 安全防护装置（Safety Protection Device） …………………… 34
140. 劳动防护用品（Personal Protective Equipment） …………… 34
141. 劳动防护用品"三证"和"一标志"（"Three Certificates"
　　 and "One Mark" of Personal Protective Equipment） ………… 34
142. 防护性能（Protective Performance） …………………………… 34
143. 劳动条件（Work Conditions） …………………………………… 35
144. 劳动安全（Labor Safety） ………………………………………… 35

五、特殊作业 ……………………………………………………………… 35
145. 带电作业（Live Line Work） …………………………………… 35
146. 动火作业（Hot Work） ………………………………………… 35
147. 低温作业（Low-Temperature Work） …………………………… 35
148. 高温作业（High-Temperature Work） ………………………… 36
149. 高湿作业（High-Humidity Work） ……………………………… 36
150. 低气压作业（Low-Pressure Work） …………………………… 36
151. 高气压作业（High-Pressure Work） …………………………… 36
152. 高处作业（Height Operations） ………………………………… 36
153. 高原作业（Altitude Work） ……………………………………… 37
154. 有尘作业（Dusty Work） ………………………………………… 37

155. 有毒作业（Toxic Work） …………………………………………… 37

156. 受限空间作业（Confined Space Work） ………………………… 37

157. 特种作业（Special Operation） …………………………………… 37

158. 特种作业人员（Special Operation Personnel） ………………… 37

159. 特种设备（Special Equipment） ………………………………… 37

160. 压力容器（Pressure Vessel） …………………………………… 38

161. 压力管道（Pressure Pipline） …………………………………… 38

六、安全管理 …………………………………………………………… 38

162. 安全标志（Safety Signs） ………………………………………… 38

163. 安全操作规程（Safety Operation Regulations） ………………… 39

164. 安全技术规程（Safety Technical Regulations） ………………… 39

165. 安全成本（Safety Cost） ………………………………………… 39

166. 安全成本分析（Safety Cost Analysis） ………………………… 39

167. 安全目标管理（Safety Objective Management） ……………… 40

168. 安全管理定量方法（Quantitative Method of Safety Management） …………………………………………………………… 40

169. 安全管理模式（Safety Management Mode） …………………… 40

170. 安全管理评审（Safety Management Review） ………………… 41

171. 安全管理体系（Safety Management System） ………………… 41

172. 安全技能（Safety Skill） ………………………………………… 41

173. 安全行为规范（Safety Code of Conduct） ……………………… 41

174. 安全投入（Safety Input） ………………………………………… 41

175. 安全效益（Safety Benefits） ……………………………………… 42

176. 安全生产绩效（Performance of Work Safety） ………………… 42

第三章　监管监察术语 …………………………………………………… 43

177. 安全生产工作方针（Work Safety Policy） ……………………… 43

178. 安全生产红线（Work Safety Redline） ………………………… 43

179. 安全生产基本原则（Basic Principles of Work Safety） ………… 43

180. 安全风险分级管控（Risk Hierarchic Management and Control） …… 43
181. 双重预防机制（Dual Prevention Mechanism） ………………… 44
182. 风险防范化解机制（Risk Prevention and Resolution Mechanism） ……………………………………………………………… 44
183. 安全生产"三个必须"（"Three Essentials" of Work Safety） ……… 44
184. 安全生产"一岗双责"（"One Post with Dual Responsibilities" of Work Safety） …………………………………………… 44
185. 重大安全风险"一票否决"（"One-Vote Veto" for Major Safety Risks） ……………………………………………………… 45
186. 安全生产宣传教育"七进"（"Seven Introducing" of Work Safety Propaganda and Education） ………………………… 45
187. 安全生产"四不两直"（"Four Noes and Two Straights" of Work Safety） ………………………………………………… 45
188. 安全设施"三同时"（"Three Simultaneities" of Safety Facilities） ………………………………………………………… 45
189. 安全生产"双随机、一公开"（"Dual Random" and "One Open" of Work Safety） ………………………………………… 45
190. 安全生产许可制度（Work Safety License Institution） ………… 45
191. 安全培训工作制度（Safety Training System） ………………… 46
192. 重大事故查处挂牌督办制度（Investigation and Listing Supervision System for Major Accidents） …………………… 46
193. 重大隐患"双报告"制度（"Double Reporting" System of Major Potential Hazard） ………………………………………… 46
194. 安全生产责任制（Work Safety Responsibility System） ……… 46
195. 安全生产承诺制（Work Safety Commitment System） ………… 46
196. 安全生产法规（Work Safety Laws and Regulations） ………… 47
197. 安全生产法律体系（Work Safety Legal System） ……………… 47
198. 安全生产规章制度（The Rules and Regulations of Work Safety） ………………………………………………………… 47

199. 安全技术措施计划（Plan of Technical Measures） ······ 47
200. 安全监督体系（Supervision System of Work Safety） ······ 47
201. 应急管理法律体系（Legal System of Emergency Management） ······ 48
202. 安全生产责任保险（Work Safety Liability Insurance） ······ 48
203. 安全生产责任保险制度（Work Safety Liability Insurance System） ······ 48
204. 安全生产责任体系（Responsibility System of Work Safety） ······ 48
205. 安全生产标准体系（Work Safety and Health Standards System） ······ 48
206. 安全检查（Safety Inspection） ······ 49
207. 安全生产行政许可（Administrative License of Work Safety） ······ 49
208. 安全生产行政处罚（Administrative Penalty of Work Safety） ······ 49
209. 安全生产行政处罚简易程序（Summary Procedure of Administrative Penalty of Work Safety） ······ 50
210. 安全生产行政执法（Administrative Law Enforcement of Work Safety） ······ 50
211. 安全生产联合执法（Joint Enforcement of Work Safety） ······ 50
212. 安全生产行政衔接（Administrative Convergence of Work Safety） ······ 50
213. 安全生产监督检查计划（Supervision and Inspection Plan of Work Safety） ······ 51
214. 安全生产行政强制（Administrative Enforcement of Work Safety） ······ 51
215. 安全生产行政案件移送（Administrative Case Transfer of Work Safety） ······ 51
216. 安全生产行政执法人员（Administrative Law Enforcement Officials of Work Safety） ······ 51
217. 安全生产行政执法统计分析（Statistical Analysis of Administrative Law Enforcement of Work Safety） ······ 52

218. 安全生产行政执法统计指标体系（Administrative Law Enforcement of Work Safety Statistical Index System） …………… 52

219. 安全生产行政执法文书（Administrative Law Enforcement Documents of Work Safety） …………………………………… 52

220. 安全生产监察员（Work Safety Inspector） ………………………… 53

221. 安全生产监管档案（Work Safety Supervision Archives） ………… 53

222. 安全生产监管体制（Work Safety Supervision System） …………… 53

223. 安全生产禁令（Work Safe Prohibition） …………………………… 53

224. 安全生产领域失信行为（Discreditable Behavior in Work Safety Field） …………………………………………………… 54

225. 安全生产领域失信行为联合惩戒对象（Joint Disciplinary Target for Dishonesty in Work Safety Field） ……………………… 54

226. 安全生产领域失信行为联合惩戒制度（Discreditable Behavior Joint Punishment System in Work Safety Field） ………… 54

227. 安全生产权力和责任清单（List of Work Safety Rights and Responsibilities） ……………………………………………… 55

228. 安全生产违法行为信息库（Information Database of Illegal Behaviors in Work Safety） ………………………………………… 55

229. 安全生产委托执法（Work Safety Delegated Law Enforcement） …… 55

230. 安全生产巡查（Work Safety Inspection） ………………………… 55

231. 安全生产源头治理（Source-Control System of Work Safety） …… 55

232. 安全生产约谈（Work Safety Inquiry） …………………………… 56

233. 安全生产执法程序（Work Safety Enforcement Procedure） ……… 56

234. 安全生产指标体系（Work Safety Index System） ………………… 56

235. 安全生产治理体系和治理能力现代化（Modernization of Work Safety Governance System and Capacity） ………………… 57

236. 安全生产咨询服务机构（Work Safety Consulting Service Organization） …………………………………………………… 57

237. 安全评价机构（Safety Assessment Organization） ………………… 57

238. 安全生产检测检验机构（Work Safety Testing and Inspecting Organization） …………………………………………………… 57
239. 安全生产主体责任（Subject Responsibility of Work Safety） ……… 57
240. 安全生产专项整治（Special Rectification of Work Safety） ………… 58
241. 安全生产综合监督管理（Comprehensive Supervision and Management of Work Safety） …………………………………… 58
242. 查封扣押权（Seizure Right） ……………………………………… 58
243. 产品安全认证（Product Certification for Safety） ………………… 59
244. 当场处理权（On-Site Disposal Right） …………………………… 59
245. 紧急处置权（Emergency Disposal Right） ………………………… 59
246. 现场检查权（On-Site Inspection Right） ………………………… 59
247. 基层安全生产网格化监管（Grid Supervision of Grass-roots Work Safety） …………………………………………………… 59
248. 企业安全生产责任体系"五落实五到位"（"Five Implementation, Five in Place" of Work Safety of Responsibility System for Enterprise） ………………………………………… 60
249. 事故隐患排查治理闭环管理（Closed-Loop Management of Investigation and Treatment for Accident and Potential Hazard） …… 60
250. 责令立即整改（Mandatory Rectifying and Reforming Immediately） ………………………………………………………… 60
251. 责令限期整改（Charge Rectifying and Reforming within a Definite Time） ……………………………………………………… 60
252. 整改指令书（Rectification Instruction） …………………………… 61
253. 三级安全教育（Three-tiered Safety Education） ………………… 61
254. "安全生产万里行"活动（Long March Activity of Work Safety） …………………………………………………………… 61
255. 安全生产月（Work Safety Month） ……………………………… 61
256. 《安全生产法》宣传周（Publicity Week for *the Law of Work Safety*） ……………………………………………………… 61

第四章 应急救援术语 … 62

257. 消防救援队伍"四句话方针"("Four Principles" of Fire and Rescue Team) … 62
258. 消防工作方针（Fire Protection Policy） … 62
259. 突发事件应对工作原则（Principles of Emergency Response） … 62
260. 应急管理体系和能力现代化（Modernization of Emergency Management System and Capacity） … 63
261. 应急管理体制（Emergency Management System） … 63
262. 应急管理机制（Emergency Management Mechanism） … 63
263. 应急响应协调机制（Emergency Response Coordination Mechanism） … 63
264. 应急响应机制（Emergency Response Mechanism） … 63
265. 应急管理体系（Emergency Response Management System） … 64
266. 消防安全网格（Fire Safety Grid） … 64
267. 应急管理科技创新体系（Science and Technology Innovation System of Emergency Management） … 64
268. 应急指挥通信装备体系（Emergency Command and Communication Equipment System） … 64
269. 应急物资保障体系（Emergency Supplies Security System） … 65
270. 应急装备（Emergency Equipment） … 65
271. 应急资源（Emergency Resources） … 65
272. 应急物资储备（Emergency Supplies Reserve） … 66
273. 应急能力（Emergency Capability） … 66
274. 应急能力评估（Emergency Capability Evaluation） … 66
275. 应急平台（Emergency Response Platform） … 66
276. 突发事件（Emergency） … 67
277. 应急预案（Emergency Plan） … 67
278. 总体应急预案（General Emergency Plan） … 68

279. 专项应急预案（Special Emergency Plan）·················· 68
280. 现场处置方案（On-Site Disposition Program）············ 68
281. 应急预案编制（Formulation of Emergency Plan）·········· 68
282. 应急预案评审（Review of Emergency Plan）··············· 68
283. 应急预案定期评估（Periodic Evaluation of Emergency Plan）········ 69
284. 应急操作手册（Emergency Operation Manual）············· 69
285. 应急响应程序（Emergency Response Procedures）·········· 69
286. 应急演练（Emergency Drilling）························· 69
287. 先期处置（First-time Disposal）························ 70
288. 应急指挥（Emergency Command）·························· 70
289. 专项应急指挥部（Special Emergency Headquarters）······· 70
290. 应急状态（Emergency Status）··························· 70
291. 应急准备（Emergency Preparedness）····················· 70
292. 应急联动（Emergency Response）························· 71
293. 应急处置（Emergency Disposal）························· 71
294. 应急救援（Emergency Rescue）··························· 71
295. 应急协调（Emergency Coordination）····················· 71
296. 提级响应（Upgrade Emergency Management）··············· 71
297. 应急保障（Emergency Support）·························· 72
298. 后期处置（Post Disposal）······························ 72
299. 应急终止（Emergency Termination）······················ 72
300. 安全疏散设施（Safety Evacuation Facilities）··········· 72
301. 安全疏散距离（Safety Evacuation Distance）············· 72

第五章　事故调查处理术语 ································· 73

302. 生产安全事故责任追究制（Accountability System in Work Safety Accident）············ 73
303. 事故调查处理原则（Investigation and Punishment/Penalty Principle of Accidents）············ 73

304. 生产安全事故（Work Safety Accident）……………………… 73
305. 次生事故（Secondary Accident）……………………………… 74
306. 衍生事故（Derivative Accident）……………………………… 74
307. 耦合事件（Coupled Incidents）………………………………… 74
308. 起因物（Substances or Objects Causing Accident Occurrence）…… 74
309. 致害物（Substances or Objects Causing Injury）…………… 74
310. 轻伤（Slight Injury）…………………………………………… 74
311. 重伤（Severe Injury）…………………………………………… 74
312. 死亡事故（Fatal Accident）…………………………………… 75
313. 失能伤害（Disability Damage）……………………………… 75
314. 生产安全事故调查处理（Investigation and Punishment of Work Safety Accident）……………………………………… 75
315. 事故等级（Accidents Level）………………………………… 75
316. 事故统计（Accident Statistics）……………………………… 76
317. 事故统计指标（Accident Statistics Index）………………… 76
318. 事故分析（Accident Analysis）……………………………… 76
319. 事故损失（Accident Loss）…………………………………… 77
320. 直接经济损失（Direct Economic Loss）…………………… 77
321. 间接经济损失（Indirect Economic Loss）………………… 77
322. 损失工作日（A Loss of Work Day）………………………… 78
323. 事故统计相对指标（Relative Indexes of Accident Statistics）…… 78
324. 事故原因（Cause of Accident）……………………………… 78
325. 事故责任主体（Subject of Accident Liability）…………… 79
326. 责任事故（Liability Accident）……………………………… 79
327. 非责任事故（Non-liability Accident）……………………… 79
328. 事故调查报告（Accident Investigation Report）………… 80

第六章　学科体系术语 …………………………………………… 81

329. 安全哲学（Safety Philosophy）……………………………… 81

330. 安全史学（Safety History） …… 81
331. 灾害学（Catastrophology） …… 81
332. 安全社会学（Safety Sociology） …… 82
333. 安全法学（Safety Jurisprudence） …… 82
334. 安全经济学（Safety Economy） …… 82
335. 安全管理学（Safety Management） …… 82
336. 安全人机工程学（Safety Ergonomics） …… 83
337. 安全系统工程（Safety Systematic Engineering） …… 83
338. 安全运筹学（Safety Operations Research） …… 83
339. 安全教育学（Safety Education） …… 83
340. 安全伦理学（Safety Ethics） …… 84
341. 安全物质学（Safety Materials Science） …… 84
342. 安全生理学（Safety Physiology） …… 84
343. 安全心理学（Safety Psychology） …… 84
344. 安全信息学（Safety Information Science） …… 84
345. 安全控制论（Safety Cybernetics） …… 85
346. 安全模拟与仿真学（Safety Simulation and Emulation Science） …… 85
347. 火灾科学与消防工程（Fire Science and Engineering） …… 85
348. 安全设备工程（Safety Equipment Engineering） …… 85
349. 安全行为科学（Safety Behavior Science） …… 85
350. 安全经济指标体系（Safety Economic Index System） …… 86
351. 安全统计学（Safety Statistics） …… 86
352. 安全文化（Safety Culture） …… 86
353. 安全意识（Safety Consciousness） …… 86
354. 安全技术（Safety Technology） …… 87
355. 事故致因理论（Accident-Causing Theory） …… 87
356. 海因里希法则（Heinrich Law） …… 87
357. 事故能量转移论（Energy Release Theory） …… 87
358. 事故频发倾向论（Accident Proneness Theory） …… 87

359. 事故扰动起源论（Theory on Perturbation Origin of Accident） …… 88
360. 事故因果论（Causationism of Accident） ………………………… 88
361. 事故预测理论（Accident Prediction Theory） …………………… 88
362. 事故预防的 3E 原则（The 3E Principle of Accident Prevention） …………………………………………………………………… 88
363. 事故预防理论（Accident Prevention Theory） …………………… 88
364. 事故综合原因论（Comprehensive Theory of Accident Cause） ……… 89
365. 系统安全（Systematic Safety） …………………………………… 89
366. 行为安全（Behavioral Safety） …………………………………… 89

参考文献 ……………………………………………………………………… 90

第一章 基 础 术 语

1. 安全（Safety）

安全，是指在人们生产、生活过程中，不因人、机、物、环境的相互作用而造成人员伤亡或财产损失，将风险控制在可接受的状态。

2. 安全科学（Safety Science）

安全科学，是指从人体免受外界因素（事物）危害或财产免受损失的角度，研究生产和生活中事故的构成、本质及其产生和预防规律的系统性、规律性的知识体系。

3. 安全工程（Safety Engineering）

安全工程，是指为保证生产经营活动中人身与设备安全的工程系列的总称，是跨门类、多学科的综合性技术科学。主要包括伤亡事故预防预测技术、安全检测检验技术、应急救援技术、安全管理工程等。

4. 安全管理（Safety Management）

安全管理，是指保证生产经营活动安全的有关决策、计划、组织、领导和控制等方面的活动。

安全管理有广义和狭义之分。广义安全管理指的是安全工作，也就是事故预防工作，包括安全工程技术和安全相关行为协调两方面；狭义的安全管理和行为安全的含义相似，是指安全相关行为协调的理论与方法。

5. 安全原理（Safety Principle）

安全原理，是指阐明伤亡事故是怎样发生的、为什么会发生以及如何采取措施防止伤亡事故发生的理论体系。它以伤亡事故为研究对象，探讨事故致因及其相互关系、事故致因因素控制等方面的问题。

6. 安全生产（Work Safety）

安全生产，是指在社会生产活动中，通过人、机、物、环（环境）、管（管理）的和谐运作，使生产过程中潜在的各种隐患和伤害因素始终处于有效控制状态，保证从业人员的人身安全与健康，设备和设施免受损坏，环境免遭破坏，防止和减少生产安全事故。

7. 安全生产"五要素"（"Five Elements" of Work Safety）

安全生产"五要素"，是指安全文化、安全法制、安全责任、安全科技、安全投入。

8. 安全法制（Safety Legality）

安全法制，是指我国安全生产法律制度的总和，包括立法、执法、司法、守法、法律监督的合法性原则、制度、程序等。

安全法制体现了安全生产工作是一项法律性和政策性很强的管理工作，安全法制是安全管理的基础，也是国家实施安全监管的重要内容。

9. 本质安全（Inherent Safety）

本质安全，是指设备、设施或技术工艺含有内在的能够从根本上防止发生事故的功能，即使在误操作或发生故障的情况下也不会造成事故。

本质安全旨在从源头上消除或避免危险，实现本质安全取决于生产所用材料的基本特性、工艺操作条件以及与工艺自身密切联系的其他相关特性。

10. 风险（Risk）

风险，是指综合考虑危害性事件/事故的可能性和后果的严重程度。

风险具有不确定性，它可能引发事故，也可能不引发事故，人们可以采取防控措施减少风险，但是一般不能消除。

风险要素主要包括原因、可能性、严重性、受害体、发生位置、后果等。

安全风险通过安全事故表现出来，其大小取决于安全事故发生的可能性和安全事故后果的严重程度，同时也受时空分布、人口分布、人员风险感知与安全价值观等影响。

11. 危险（Hazard）

危险，是指系统中存在导致发生不期望后果的可能性超过了人们可接受程度的状态，是事故发生的必要条件。

12. 危害（Endanger）

危害，是指造成人员伤害、财产损失等情况。

13. 隐患（Potential Hazard）

隐患，是指生产经营单位违反安全生产法律、规章、标准、规程和制度的规定，造成生产经营活动中存在可能导致事故发生的人的不安全行为、作业场所或设备/设施的不安全状态、管理上的缺陷等。

隐患包含两方面的内容，一是未识别出风险，二是风险管控措施缺失、低效、失效。隐患具有确定性，是可以消除的。

14. 重大隐患（Major Potential Hazard）

重大隐患是指容易造成事故发生，可能导致重大人员伤亡、重大经济损失或环境破坏的事故隐患。

《煤矿重大生产安全事故隐患判定标准》《化工和危险化学品生产经营单位重大生产安全事故隐患判定标准（试行）》《烟花爆竹生产经营单位重大生产安

全事故隐患判定标准（试行）》等文件明确了对应行业的重大隐患判定标准。

15. 不安全行为（Unsafe Behavior）

不安全行为，是指可能造成事故发生的人为错误，包括违章作业、违章指挥和人为失误等行为。

16. 不安全状态（Unsafe Status）

不安全状态，是指可能导致事故发生的物品、设备、设施、场所、环境等客观状态。

不安全状态可归纳为防护、保险、信号等装置缺乏或有缺陷，设备、设施、工具、附件有缺陷，个体防护用品用具缺少或有缺陷以及生产（施工）场所环境不良等四大类。

17. 不安全因素（Unsafe Factor）

不安全因素，是指导致人身伤亡、患职业病、经济损失或环境损坏的因素。

不安全因素包括危险因素和有害因素，分为物理性、化学性、生物性、心理生理性、行为性及其他危险与有害因素等六大类。危险因素是指能对人造成伤亡或对物造成突发性损害的因素，强调突发性和瞬间作用。有害因素是指能影响人的身体健康，导致疾病，或对物体造成慢性损害的因素，强调慢性损害和累积作用。

18. 燃烧（Combustion）

燃烧，是指物质进行剧烈的氧化还原反应，伴随发热和发光的现象。主要分为预混燃烧、扩散燃烧、层流燃烧、湍流燃烧等四类。

19. 火灾（Fire Accident）

火灾，是指在时间或空间上失去控制，造成人员伤亡、财产损失或环境破坏的燃烧。

20. 爆燃（Deflagration）

爆燃，是一种以亚音速、通过热传递传播的燃烧。燃烧过程依靠高温燃烧产物加热并点燃火焰面前方的低温可燃物维持。常见的火药和黑火药爆炸都是爆燃。

21. 爆轰（Detonation）

爆轰又称爆震，是一个伴有大量能量释放的化学反应传输过程。反应区前沿为以超声速运动的激波，称为爆轰波。爆轰波扫过后，介质成为高温高压的爆轰产物。能够发生爆轰的系统可以是气相、液相、固相或气—液、气—固和液—固等混合相组成的系统。

22. 爆炸（Explosion）

爆炸，是指体积急剧膨胀，并伴随有能量迅速释放的过程。通常，爆炸过程伴随着高温的产生和高压气体的释放。爆炸可分为三类：物理爆炸（包括电爆炸、激光和其他强粒子束照射以及物理高速碰撞等引起的爆炸）、化学爆炸和核爆炸。

23. 爆炸极限（Explosion Limit）

爆炸极限，是指一种可燃气体、蒸气、可燃性粉尘与空气的混合物能发生爆炸的浓度范围。空气中含有可燃气体（如氢气、一氧化碳、甲烷等）或蒸气（如乙醇、苯、汽油等挥发性物质的蒸气）时，在一定的浓度范围内，遇到火花会引起爆炸。其最低浓度称作下限，最高浓度称作上限。浓度低于或高于此范围都不会发生爆炸。

24. 事故（Accident）

事故，是指在人们生产经营活动过程中突然发生的、违反人们意志的、迫使活动暂时或永久停止，可能造成人员伤害、财产损失或环境破坏的意外事件。

按事故对象，可划分为设备事故、人身伤亡事故等；按事故责任范围，可划分为责任事故和非责任事故。

25. 工伤（Work-Related Injury）

工伤，是指职工因工作或在工作时间、工作地点发生意外事故而造成的伤害。按受伤程度，工伤一般分轻伤和重伤。

职工有下列情形之一的，应当认定为工伤：①在工作时间和工作场所内，因工作原因受到事故伤害的；②工作时间前后在工作场所内，从事与工作有关的预备性或者收尾性工作受到事故伤害的；③在工作时间和工作场所内，因履行工作职责受到暴力等意外伤害的；④患职业病的；⑤因工外出期间，由于工作原因受到伤害或者发生事故下落不明的；⑥在上下班途中，受到非本人主要责任的交通事故或者城市轨道交通、客运轮渡、火车事故伤害的；⑦法律、行政法规规定应当认定为工伤的其他情形。

职工有下列情形之一的，视同工伤：①在工作时间和工作岗位，突发疾病死亡或者在48 h之内经抢救无效死亡的；②在抢险救灾等维护国家利益、公共利益活动中受到伤害的；③职工原在军队服役，因战、因公负伤致残，已取得革命伤残军人证，到用人单位后旧伤复发的。职工有前款第①项、第②项情形的，按照有关规定享受工伤保险待遇；职工有前款第③项情形的，按照有关规定享受除一次性伤残补助金以外的工伤保险待遇。

符合上述条件，但是有下列情形之一的，不得认定为工伤或者视同工伤：①故意犯罪的；②醉酒或者吸毒的；③自残或者自杀的。

26. 工伤事故（Work-Related Accident）

工伤事故又称劳动事故，是指适用于《工伤保险条例》的所有用人单位的职工由于工作原因直接或间接造成的人身伤亡和突发性伤害事故。我国工伤事故赔偿中所指的工伤事故，既包括一般伤害事故和急性中毒，又包括罹患职业病。

综合考虑起因物、引起事故的诱导性原因、致害物、伤害方式等，职工伤亡事故分为20类：物体打击、车辆伤害、机械伤害、触电、火灾、起重伤害、高处坠落、灼烫、淹溺、坍塌、冒顶片帮、透水、放炮（爆破）、容器爆炸、锅炉爆炸、瓦斯爆炸、火药爆炸、其他爆炸、中毒和窒息、其他伤害。

27. 危险物质（Hazardous Substances）

危险物质，是指容易引起燃烧、爆炸、中毒、致癌、致敏、腐蚀、放射及危害环境的有害物质。

28. 危险货物（Hazardous Goods）

危险货物，是指容易引起燃烧、爆炸、腐蚀、中毒或有放射性的物品，在运输、储存过程中容易造成人身伤亡和财产损失，必须采用特殊防护设施与措施的货物。

29. 安全设施（Safety Facility）

安全设施，是指在生产经营活动中，为了防止事故发生或降低事故损失，将危险、有因素控制在可接受范围内，以及在发生事故时用于救援的设备、器械和措施。

30. 防火墙（Firewall）

防火墙，是指能够截断火焰及火星传播、在一定时间内能隔绝温度、由不燃烧体材料制成的实心砌体。其耐火极限不小于 3 h。防火墙上不应开设门、窗和洞口。

31. 受限空间（Confined Space）

受限空间，又称有限空间，是指封闭或者部分封闭，与外界相对隔离，出入口较为狭窄，作业人员不能长时间在内工作，自然通风不良，易造成有毒有害、易燃易爆物质积聚或者氧含量不足等作业受到限制的空间。

32. 生产经营单位（Business Entities）

生产经营单位，是指在中华人民共和国领域内从事生产经营活动的单位，包括企业法人、不具备企业法人资格的合伙组织、个体工商户和自然人等生产经营主体。

33. 企业主要负责人（Person in Charge of the Enterprise）

企业主要负责人，是指企业法定代表人或者法律、行政法规规定代表单位行使职权的负责人。主要包括两类人员：一是单位的法定代表人（也称法人代表），即依法代表法人单位行使职权的负责人，如企业的总经理、董事长或执行董事等；二是按照法律、行政法规规定代表单位行使职权的负责人，即依法代表非法人单位行使职权的负责人，如代表合伙企业执行合伙企业事务的合伙人、个人独资企业的投资人等。

34. 相关方（Interested Parties）

相关方，是指与生产经营单位的业绩或成就有利益关系的单位或个人。主要包括在生产经营单位进行建设项目设计、工程施工、设备安装维修、原辅材料供货、产品配套供货、产品委托加工、物流服务、环卫绿化服务、废弃物处置、企业客户，以及检查、参观、培训、实习等外来单位或个人。

35. 应急管理（Emergency Management）

应急管理，是指突发事件事前预防、事发应对、事中处置和事后恢复的全过程活动，即政府及其他公共机构在突发事件采取预防和应急准备、监测与预警、应急处置与救援、恢复与重建等一系列必要措施，保障人民生命财产安全，促进社会安全发展的有关活动。

管理主体上，应急管理是政府的基本职责，它是公共服务的组成部分，强调"政府主导、社会参与"。管理过程上，应急管理强调对突发事件全过程的管理，包括突发事件的预防与应急准备、监测与预警、应急处置与救援、事后恢复与重建等突发事件应对活动。管理对象上，应急管理针对的是各种各样的突发事件和紧急事件，亟须采取应急处置措施。

应急管理的方针是"坚持预防和应急并重，常态和非常态结合"，内容可概括为"一案三制"："一案"是指制修订应急预案，"三制"是指建立健全应急工作的体制、机制和法制。

36. 安全发展（Safety Development）

安全发展，是指坚持人民利益至上，坚守安全红线，筑牢安全底线，实现资源的合理利用和发展效益，保护人民生命财产安全和健康的发展模式。

安全发展是我国安全生产认识上的新飞跃、是我国经济社会发展战略思想上的一个理念和指导原则，揭示了安全与发展的辩证关系。

第二章 事故预防术语

一、风险防控

37. 风险管理（Risk Management）

风险管理，是指通过风险辨识、评估、监测等手段，考虑社会、政治、经济、法律等因素，系统辨析风险发生的概率和后果，对风险实施有效处置，以最小化的成本获得最大安全保障的科学管理方法。

风险管理为一个组织对风险指挥和控制的一系列协调活动。

38. 风险感知（Risk Perception）

风险感知，是人们基于自身知识与经验、对客观环境的风险特征或严重程度的主观心理感受和认知。

风险感知的影响因素涵盖两个方面：个体层面（人们的知识经验、偏好、情感和需要等）和社会与文化层面（不同经济、文化、政治背景影响下的信念、价值观等）。

人们的行为并不是主要靠事实或者由科学家提供的相关风险知识驱动的，而是他们自身的感知。

39. 风险沟通（Risk Communication）

风险沟通，是指个体、群体或机构之间基于风险感知，提供、获取、共享、交换风险信息和看法的互动过程，以及与利益相关者进行对话和协商的持续和反复过程。

风险沟通的目的在于提高风险理解力，影响风险感知，或使个体、群体及机构之间针对已识别风险采取应对措施。风险沟通的价值在于信息的双向流动而非单向传递。

风险沟通的有效性影响因素包括：信息接收者的主动性；信息与个人息息相关并且建立在其固有的知识体系、态度、信念之上；沟通的环境是支持性的，而非强制性的；信息接收者与传达者之间的信任度。

40. 风险辨识（Risk Identification）

风险辨识，也叫风险识别，是指针对不同的风险种类及特点，识别其存在的风险、危害因素，分析可能产生的直接后果以及次生、衍生后果。

风险辨识的目的是确定风险等级，制定防范措施，杜绝风险演变成事故。

41. 风险评估（Risk Assessment）

风险评估，指风险辨识、风险分析、风险评价的全过程，是在风险事故发生之前或之后（但还未结束），对该事件给人们的生产、生命、财产等各方面造成的影响和损失的可能性、对风险各组成要素进行定性或定量评估的工作。主要包括风险承受力与控制力分析、风险发生概率与后果分析等。

42. 风险分级（Risk Classification）

风险分级，是指依据事故发生的可能性和造成后果的严重程度，将风险划分为一级、二级、三级和四级，分别用红色、橙色、黄色和蓝色表示，一级为最高级别。蓝色（四级）：较低风险，需要注意或可忽略、可接受的；黄色（三级）：一般风险，需要控制整改。橙色（二级）：较大风险，必须制定措施进行控制管理。红色（一级）：重大风险，不可接受的，必须立即停工整改予以控制。

43. 风险控制（Risk Control）

风险控制，是指在风险辨识和风险评估基础上，采取各种措施和方法，降低或消灭风险事件发生的各种可能性，或者减少风险事件发生时造成的损失。

风险控制目标包括降低事故发生频率、减少事故严重程度和事故造成的经济损失等。风险控制的基本方法有风险规避、损失控制、风险转移和风险承受。

44. 风险规避（Risk Aversion）

风险规避，是指决定不陷入风险，或者从风险状态中撤离以避免风险影响的处置方式。

风险规避并不意味着完全消除风险，而是要规避风险可能造成的损失，包括降低损失发生的概率及降低损失程度。风险规避可以从改变风险后果的性质、风险发生的概率或风险后果大小等方面采取多种策略，如减轻、预防、转移、自留和应急措施等。

45. 风险监测（Risk Monitoring）

风险监测，是指采用各种监测技术，动态捕捉各类风险源或其他风险指标的异常变动，判断是否超过阈值，并根据需要进行应对策略调整的过程。

风险监测的目标是及早识别风险、消除事故隐患、避免事故发生。

风险监测的依据包括风险管理计划、实际风险发展变化情况、可用于风险控制的资源等。

46. 风险治理（Risk Treatment）

风险治理，是指基于科学的风险分析，遵循成本效益原则，把风险可能造成的不良影响或后果减至最低的管理过程。

47. 风险转移（Risk Transfer）

风险转移，是指通过与第三方签订合同或非合同的方式，将风险从一方转嫁到另一方或多方的处置方式。

风险转移的过程就是降低主体的风险程度，通过合同共担风险，通过保险转移风险。

48. 风险承受（Risk Exposure）

风险承受，是指接受某一特定风险的处置方式。

风险承受的界限是指风险的后果严重性是相对确定的，必须将相对不确定性通过人为的努力进行最低确定，即底线思维。

49. 剩余风险（Residual Risk）

剩余风险，是指对已识别的风险进行风险控制后还存在的风险、在风险应对前或风险评估中由于人类知识水平的局限性未被识别的风险，以及在风险应对中新产生的风险。

50. ALARP 原则（ALARP Principle）

ALARP（As low as reasonable practice）原则，即最低合理可行原则，也翻译为"二拉平"原则。依据风险可容忍上限和下限，将风险划分为不可接受风险、ALARP 区风险、可接受风险：不可接受风险，风险值超过允许上限；ALARP 区风险，风险值在允许上限和允许下限之间，应采取一切切实可行的措施使风险水平"尽可能低"；可接受风险，风险值低于允许下限，该风险可以接受，但需持续采取安全维护措施。不可接受风险、ALARP 区风险是风险管控的重点。

51. 可接受风险（Acceptable Risk）

可接受风险，是指预期风险事故的最大损失程度在单位或个人经济能力和心理承受能力的最大限度之内。

可接受风险表示可接受的范围可以是国家法律法规、标准规范规定的指标，也可以是人们期望达到的风险水平，即确定可接受风险时，必须充分考虑公众对风险的认知。

通过风险评估、沟通、控制、规避、转移等将风险控制到可接受级别。

52. 不确定风险（Uncertain Risk）

不确定风险，是指影响因素已经明确，但潜在的损害和可能性未知或高度不确定、对不利影响或其可能性还不能准确描述的风险。

不确定风险主要采用基于预防的策略来提高抗击韧性。

由于相关知识不完备、决策的科学和技术基础不清晰，在风险评估中往往需要依靠不确定的猜想和预测。如地震、新型冠状病毒肺炎、恐怖袭击、全球变暖等均属于不确定风险。

不确定性风险只能承受其可能性，但必须给出其后果的解决方案。

53. 复合风险（Compound Risk）

复合风险，是指很难识别或量化风险源和风险结果之间的关系、有大量潜在风险因子和可能结果的风险。

多数复合风险具有复杂性，风险可能转化、衍生、耦合成为新的风险。例如，拥挤踩踏、坍塌、溃坝、化学品储存与运输等属于复合风险。

复合风险中的大多数是可以控制的。面对复合风险，需要尽可能多地获取数据和信息，开展全过程风险评估，并利用提高鲁棒性的方法来应对。

54. 模糊风险（Fuzzy Risk）

模糊风险，是指对同一风险评估结果有不同解释，存在争议，或者对存在风险的证据已经没有争议，但对可容忍或可接受的风险界限的划分存在分歧的风险。纳米污染、转基因食物、核电、电磁辐射等属于模糊风险。

面对模糊风险，需要强调通过沟通与交流、趋于达成共识。对于模糊风险，人类能承受其可能性甚至后果。

55. 安全条件论证（Safety Condition Evaluation）

安全条件论证，是指对建设项目内在的危险有害因素对建设项目周边单位生产经营活动或者居民生活的影响、建设项目周边单位生产经营活动或者居民生活对建设项目的影响、当地自然条件对建设项目的影响以及其他需要论证的内容等进行论证。

下列建设项目在进行可行性研究时，生产经营单位应当对其进行安全条件论证：

（1）非煤矿矿山建设项目。

（2）生产、储存危险化学品（包括使用长输管道输送危险化学品）的建设项目。

（3）生产、储存烟花爆竹的建设项目。

（4）化工、冶金、有色、建材、机械、轻工、纺织、烟草、商贸、军工、公路、水运、轨道交通、电力等行业的国家和省级重点建设项目。

（5）法律、行政法规和国务院规定的其他建设项目。

56. 安全评价（Safety Assessment）

安全评价，也称风险评价，是指找出项目或系统可能的危险种类、危险程度和危险后果，对其进行定量、定性地分析，并提出必要的危险控制措施。一般分为安全预评价、安全验收评价和安全现状评价。

57. 安全预评价（Safety Pre-assessment）

安全预评价，是指在建设项目可行性研究阶段、工业园区规划阶段或生产经营活动组织实施之前，根据相关的基础资料，辨识与分析建设项目、工业园区、生产经营活动潜在的危险有害因素，确定其与安全生产法律法规、标准、行政规章、规范的符合性，预测发生事故的可能性及其严重程度，提出科学、合理、可行的安全对策措施建议，作出安全评价结论的活动。

下列建设项目在进行可行性研究时，生产经营单位应当按照国家规定，进行安全预评价：

（1）非煤矿矿山建设项目。

（2）生产、储存危险化学品（包括使用长输管道输送危险化学品）的建设项目。

（3）生产、储存烟花爆竹的建设项目。

（4）金属冶炼建设项目。

（5）使用危险化学品从事生产并且使用量达到规定数量的化工建设项目（属于危险化学品生产的除外）。

（6）法律、行政法规和国务院规定的其他建设项目。

58. 安全验收评价（Safety Acceptance Assessment）

安全验收评价，是指运用安全系统工程的原理和方法，在项目建成试生产正常运行后，在竣工验收前，通过对项目的设施、设备、装置的实际运行状况及管理状况进行的一种安全评价。它通过对系统存在的危险和有害因素进行定性和定量的评价，从而作出评价结论，提出合理可行的安全对策措施及建议，以实现系统运行安全为目的。

安全验收评价是为安全验收进行的技术准备。在安全验收评价中，要评价安全预评价提出的安全措施在设计中是否得到落实、初步设计中的各项安全设施是否在项目建设中得到落实，还要评价施工过程中的安全监理记录、安全设施调试、运行和检测情况，以及隐蔽工程等的安全设施落实情况。最终形成的安全验收评价报告，将作为建设单位向政府安全生产监督管理机构申请建设项目安全验收审批的依据。

59. 安全现状评价（Safety Status Assessment）

安全现状评价，是指针对系统运行现状进行的评价，通过评价查找其存在的危险、有害因素，确定其危险程度，提出合理可行的安全对策措施及建议。

安全现状评价是根据政府有关法规的规定或生产经营单位安全管理的要求进行的，主要内容包括：①全面收集评价所需的信息资料，采用合适的系统安全分析方法进行危险因素识别，给出量化的安全状态参数值；②对于可能造成重大后果的事故隐患，采用相应的评价数学模型，进行事故模拟，预测极端情况下的影响范围，分析事故的最大损失以及发生事故的概率；③对发现的事故隐患，分别提出治理措施，并按危险程度及整改的优先顺序进行排序；④提出整改措施与建议。

60. 安全评价指标（Safety Assessment Index）

安全评价指标，是指衡量评价对象系统或子系统（工程项目、生产工艺、设备、环境、人员、管理等）安全状况或危险程度的一系列特征度量参数（包括变量、指数、参数、规格、标准等）的总称。

61. 定量分析（Quantitative Analysis）

定量分析，是指对一个或几个对象的某些特征、性质、相互关系等从数量上进行分析比较。分析结果用"数量"加以描述。

62. 定性分析（Qualitative Analysis）

定性分析，是指确定预测事物未来的发展性质的分析，对缺乏定量数据或难以用数字表示的事物或状态，多采用此分析。

63. 定量风险评价法（Quantitative Risk Assessment Method）

定量风险评价法，是对事故发生频率和后果进行定量分析和计算、以可接受风险标准确定外部安全防护距离的方法。

64. 风险矩阵评价法（Risk Matrix Evaluation Method）

风险矩阵评价法，是指将决定危险事件风险大小的两种因素——后果严重度和可能性，按其特点划分为相应的等级，然后分别作为矩阵的行和列形成风险矩阵，并赋予一定的加权值，定性衡量风险大小的方法。

65. 故障树分析法（Fault Tree Analysis）

故障树分析法，是一种常见的系统安全分析技术，它通过演绎推理把系统可能发生的某种事故与导致该事故发生的各种原因事件之间的逻辑关系用一种称为故障树的树形图表示，此树形图由事件符号和逻辑符号构成，通过对故障树的定性与定量分析，找出事故发生的主要原因，确定该事故发生的可能性（或概率），掌握事故发生的各种模式，找出系统中最薄弱的环节，以达到预测与预防事故发生的目的。

66. 事件树分析法（Event Tree Analysis）

事件树分析法，是指从初始事件出发，根据后续事件或安全措施是否成功作分支，最后到灾害事故的发生为止的一种图形化逻辑树结构的归纳分析方法。

67. 危险严重度（Hazard Severity）

危险严重度，是指由危害造成的后果的定性或定量评价，即由于人为失误、不安全的环境条件、设计缺欠、措施不当及系统、子系统、组件故障或缺陷造成的最严重后果的定性或定量尺度。

68. 隐患排查治理（Potential Hazard Investigation and Treatment）

隐患排查治理，是指生产经营单位开展隐患辨识、评价、消除、整改、监控等活动和采取相应措施，使生产设备设施或场所的事故风险处于可接受水平的活动和过程。

69. 安全生产审计（Work Safety Audit）

安全生产审计，是指由有关组织和人员依据法规、政策、标准以及审计准则的要求，对企业的安全生产体制机制、责任制、制度体系、专项费用、特种作业、应急准备、安全文化、工作绩效等，或者对政府的安全生产体制机制、责任落实、依法治理等方面进行真实性、合规性和有效性地分析、评价和鉴定，并将审计结果向特定使用人报告的过程。

70. 体系认证（System Certification）

体系认证，是指生产经营单位通过第三方机构对其管理体系或产品进行第三方评价。常见的体系认证有 ISO 9001 质量管理体系、ISO 14001 环境管理体系、OHSAS 18000 职业安全卫生管理体系、ISO 45001 职业健康安全管理体系、GB/T 33000—2016《企业安全生产标准化基本规范》等。

71. 企业安全生产标准化（Standardization of Enterprise Work Safety）

企业安全生产标准化，是指企业通过落实安全生产主体责任，全员全过程参与，建立并保持安全生产管理体系，全面管控生产经营活动各环节的安全生产工作，实现安全管理系统化、岗位操作行为规范化、设备设施本质安全化、作业环境器具定置化，并持续改进。企业安全生产标准化是中国化的安全生产管理体系。

72. 企业安全生产责任体系（Enterprise Work Safety Responsibility System）

企业安全生产责任体系，是指覆盖本企业所有组织、管理部门和岗位的企业安全生产责任制度。原则为：①应根据其组织机构的设置及职能，分别制定出各级领导干部、各职能管理部门的安全生产责任制；②根据本单位所有岗位设置及职责，分别制定出各岗位员工的安全生产责任制。

73. 事故预测（Accident Prediction）

事故预测，是指对系统未来的安全状况进行分析和测算。

事故预测根据事故分析对象的不同，分为宏观预测和微观预测。事故预测方法包括直观预测法、回归预测法、时间序列预测法、博克斯—詹金斯法和灰色预测法。

74. 事故预防（Accident Prevention）

事故预防，是指从事故特性、事故的致因理论等方面探索事故的发生规律，并结合安全生产工作的实际情况而做出的在事故发生之前的各类防范措施。

75. 损失控制（Loss Control）

损失控制，是指制定计划和采取措施降低损失的可能性或者减少实际损失。控制涵盖事前、事中和事后各个阶段。

76. 安全设计（Safety Design）

安全设计，是指设计产品时考虑哪些危险可以接受，控制措施如何保证风险可接受，以能够达到可接受的风险水平。

77. 安全系数（Safety Coefficient）

安全系数，是一种在工程设计方法中用以反映安全程度的系数。

安全系数的确定需要考虑荷载、材料的力学性能、试验值和设计值与实际值的差别、计算模式和施工质量等各种不定性，还须涉及工程的经济效益及结构破坏可能产生的后果，如生命财产和社会影响等诸因素。它与国家的技术水平和经济政策密切相关。

78. 安全信息（Safety Information）

安全信息，是指生产活动中起安全作用的信息集合。

二、监测监控

79. 应急管理信息化体系（Emergency Management Information System）

应急管理信息化体系，是指具备全域覆盖的感知网络、空天地一体的应急通信网络、先进强大的大数据支撑、智能协同的业务应用、安全可靠的运行保障、严谨全面的标准规范和科学开放的应急管理信息化体系。

应急管理信息化建设主要任务包括感知网络、应急通信网络、数据支撑体系、业务应用体系、运行保障体系和标准规范体系等六大部分。各个部分相互关联，提供全域的信息感知、广域的通信覆盖、统一的计算存储、联合的数据共享、完整的业务服务和可靠的运行保障等能力，为监测预警、风险评估、监督管理、应急响应、指挥救援、资源调配、灾后救助、事故调查和综合保障等业务提供支撑。

80. 安全监测（Safety Monitoring）

安全监测，是指利用技术装备对生产过程中的安全状态进行监测，预防事故发生。包括采样、数据处理和分析等过程。

81. 安全预警（Safety Prewarning）

安全预警，是指在灾害、事故以及其他需要预防的危险发生之前，根据以往规律或监测得到的可能性前兆，依据有关法律法规或应急预案相关规定，向相关部门或公众预先发出相应级别的警报信息或紧急信号，并提出相关应急建议的行为。

预警即进入非常规状态，关注的是监测目标的负面信息，是从监测或预测所提供的信息中发现预警目标的早期信号。

按照突发事件发生的紧急程度、发展势态和可能造成的危害程度分为一级、二级、三级和四级，分别用红色、橙色、黄色和蓝色标示，一级为最高级别。预警级别的划分标准由国务院或者国务院确定的部门制定。

预警信息包括突发事件的类别、预警级别、起始时间、可能影响范围、警示事项、应采取的措施和发布机关等。

82. 安全监控系统（Safety Monitoring System）

安全监控系统，是指对生产经营活动中的危险源、重点装置、重点部位等与安全有关的状态参数和视频信息实时监测，发现故障、异常或违章作业时能及时采取控制措施以防止事故发生的监测控制系统。

安全监控系统具有模拟量、开关量、累积量采集、传输、存储、处理、显示、打印、声光报警、控制等功能，必要时还可以对局部生产环节或设备发出控制指令和信号，一般由主控制计算机及其外围设备和监控软件组成，通常设置在监控中心或生产调度室中，用于企业安全生产的监控。

83. 安全仪表系统（Safety Instrumented System）

安全仪表系统，又称为安全联锁系统，是工业控制系统中的报警和联锁部分，对控制系统检测的结果实施报警动作、调节或停机控制，是工业自动控制中的重要组成部分。

安全仪表系统主要包括传感器、逻辑运算器和最终执行元件，即检测单元、控制单元和执行单元。

84. 功能安全（Functional Safety）

功能安全，是指当任一随机故障、系统故障或共因效应都不会导致安全系统的故障，从而引起人员伤亡、财产损失或环境破坏，也就是装置或控制系统的安全功能无论在正常或故障情况下都应保证正确实施。

85. 安全完整性（Safety Integrity）

安全完整性，是指在规定的条件下和规定的时间内，安全仪表系统成功实现所要求的安全功能的概率。共分为四个等级，即 SIL1~SIL4，SIL1 是最低的；SIL 级别越高，安全仪表系统能实现所要求的安全功能的概率就越高。

86. 安全生命周期（Safety Lifecycle）

安全生命周期，是指安全仪表系统实现过程中必需的生命活动，这些活动发生在从一项工程的概念阶段开始，直至所有的 E/E/PE（Electrical/Electronic/Programmable Electronic，电气/电子/可编程电子）安全相关系统、其他技术安全相关系统以及外部风险降低设施停止使用为止的一段时间内。

87. 继电保护（Relay Protection）

继电保护，是指对供电系统中发生的故障或异常情况进行监测，从而发出报警信号或者直接将故障部分隔离、切除的一种措施。

88. 继电保护装置（Relay Protection Equipment）

继电保护装置，是指当供电系统中的电力元件或系统本身发生故障危及电力系统安全运行时，能够向运行值班人员及时发出警告信号或直接向所控制的继电器发出跳闸命令，以终止这些事件发展的成套设备。

89. 连锁机构（Interlocking Mechanism）

连锁机构，是指在几个开关电器或部件之间，为保证开关电器或其部件按规定的次序动作或防止误动作而设计的机械连接机构。

90. 冗余设计（Redundancy Design）

冗余设计，是指通过重复配置某些关键设备或部件，当系统出现故障时，冗余的设备或部件介入工作，承担已损设备或部件的功能，为系统提供服务，减少宕机事件的发生。

冗余设计的应用对象主要有：①通过提高质量的基本可靠性等方法不能够满足任务可靠性要求的功能通道或产品组成单元；②由于采用新材料、新工艺或用于未知环境条件下，因其任务可靠性难于准确估计、验证的功能通道或产品组成单元；③影响任务成败的可靠性关键项目和薄弱环节；④其故障可能造成人员伤亡、财产损失、设施毁坏、环境破坏等严重后果的安全性关键项目；⑤其他在设计中需要采用冗余设计的功能通道或产品组成单元。

三、行业安全

91. 化学品（Chemicals）

化学品，是指各种元素或由元素组成的纯净物和混合物，包括天然的和人造的。

92. 危险化学品（Hazardous Chemicals）

危险化学品，是指具有毒害、腐蚀、爆炸、燃烧、助燃等性质，对人体、设施、环境具有危害的化学品和其他化学品。

93. 两重点一重大（Two Keys and One Major）

两重点，是指危险化学品和化工领域的重点监管危险化工工艺、重点监管危险化学品；一重大，是指危险化学品重大危险源。

94. 危险化学品安全（Hazardous Chemicals Safety）

危险化学品安全，是指根据本领域安全生产法律、规章及标准的相关要求，加强危险化学品生产、储存、使用、经营、运输等各环节的安全管理，预防和减少危险化学品事故，保障人民群众生命财产安全，保护环境。

95. 化工安全（Chemical Industry Safety）

化工安全，是指利用工艺、设备、仪表、电气等工程技术，控制化工过程中的风险，防止事故发生。

化工安全管理的主要内容和任务包括：收集和利用化工过程安全生产信息；风险辨识和控制；不断完善并严格执行操作规程；通过规范管理，确保装置安全运行；开展安全教育和操作技能培训；严格新装置试车和试生产的安全管理；保持设备设施完好性；作业安全管理；承包商安全管理；变更管理；应急管理；事故和事件管理；化工过程安全管理的持续改进等。

96. 危险有害因素（Hazardous and harmful factors）

危险有害因素，包括危险因素和有害因素。危险因素，是指对人造成伤亡或财务造成突发性损害的因素；有害因素，是指能影响人的身体健康、导致疾病或对物造成慢性损害的因素。

97. 化学品危险特性分类（Hazardous Characteristics Classification of Chemicals）

化学品危险特性分类，是指根据联合国《全球化学品统一分类和标签制度》和我国《化学品分类和标签规范》，对化学品危险特性鉴定结果或者相关数据资料进行评估，确定化学品的危险性分类体系。化学品危险特性分类包括物理危险性（共16类）、健康危害性（共10类）和环境危害性（共2类）。

98. 化学品的物理危险性（Physical Hazard of Chemicals）

化学品的物理危险性，是指化学品的燃烧、爆炸、腐蚀、助燃、自反应和遇水反应等危险特性。

99. 化学品的健康危险性（Health Hazard of Chemicals）

化学品的健康危险性，是指化学品的急性毒性、腐蚀性、眼损伤、致敏性、致突变性、致癌性、致畸变性、吸入危害性等危险特性。

100. 化学品的环境危险性（Environmental Hazard of Chemicals）

化学品的环境危险性，是指化学品的急性水生毒性、慢性水生毒性、危害臭氧层等危险特性。

101. 易燃气体（Flammable Gas）

易燃气体，是指在标准大气压101.3 kPa时，在与空气的混合物中按体积占13%或更少时可点燃的气体，或与空气混合，不论燃烧下限值如何，可燃范围至少为12个百分点的气体。此类气体泄漏时，遇明火、高温或光照，会发生燃烧或爆炸，如氢气、甲烷、乙炔等。

102. 易燃液体（Flammable Liquid）

易燃液体，是指易于挥发和燃烧的液态物质。闪点低于28.1 ℃的为一级易燃液体，极易燃烧和挥发，如汽油等；闪点为28.1~45 ℃的为二级易燃液体，容易燃烧和挥发，如煤油、松节油等。

易燃液体及其所挥发的可燃气体，遇火迅速燃烧；所挥发的可燃气体在空气中的浓度达到爆炸极限时，遇火星即发生爆炸；存放密闭容器中的易燃液体，受热后能使容器爆裂而引起燃烧；大量可燃气体扩散到空气中，使人畜中毒或窒息。

103. 有毒物质（Toxic Substance）

有毒物质，是指凡是以小剂量进入机体，通过化学或物理化学作用能够导致健康受损的物质。毒性是有毒物质导致机体损害的能力，毒性越大，危害越大。根据毒物对人每公斤体重的致死量依次将毒物分为：剧毒（＜0.05 g）、高毒（0.05～0.5 g）、中毒（0.5～5 g）、低毒（5～15 g）、微毒（＞15 g）。

104. 爆炸物质（Explosive Substances）

爆炸物质，是指能通过化学反应在内部产生一定速度、一定温度与压力的气体，且对周围环境具有破坏作用的一种固体或液体物质（或其混合物）。烟火物质或混合物无论其是否产生气体，都属于爆炸物质。

105. 易制毒化学品（Precursor Chemicals）

易制毒化学品，是指可用于制造毒品的前体、原料和化学助剂等物质。易制毒化学品分为三类，第一类是可以用于制毒的主要原料，第二类、第三类是可以用于制毒的化学配剂。

第一类易制毒化学品包括：1－苯基－2－丙酮、3,4－亚甲基二氧苯基－2－丙酮、胡椒醛、黄樟素、黄樟油、异黄樟素、N－乙酰邻氨基苯酸、邻氨基苯甲酸、麦角酸、麦角胺、麦角新碱、麻黄素（伪麻黄素、消旋麻黄素、去甲麻黄素、甲基麻黄素、麻黄浸膏、麻黄浸膏粉等麻黄素类物质）、N－苯乙基－4－哌啶酮、4－苯胺基－N－苯乙基哌啶、N－甲基－1－苯基－1－氯－2－丙胺、羟亚胺、1－苯基－2－溴－1－丙酮、3－氧－2－苯基丁腈、邻氯苯基环戊酮。

第二类易制毒化学品包括：苯乙酸、醋酸酐、三氯甲烷、乙醚、哌啶、1－苯基－1－丙酮（苯丙酮）、溴素（液溴）。

第三类易制毒化学品包括：甲苯、丙酮、甲基乙基酮、高锰酸钾、硫酸、盐酸。

106. 易制爆化学品（Explosives Precusor Chemicals）

易制爆化学品，是指可以作为原料或辅料而制成爆炸品的化学品。易制爆化学品通常包括强氧化剂、可/易燃物、强还原剂、部分有机物。《易制爆危险化学品名录》规定了易制爆化学品种类。

107. 危险源（Hazard）

危险源，是指一个系统、装置或设施中潜在物质和能量释放的危险，可能导致人身伤害和（或）健康损害、财产损失、环境破坏或其他损失的根源、状态或行为，或其组合。它主要由三个要素构成，分别是潜在危险性、存在条件和触发因素。

108. 重大危险源（Major Hazard）

重大危险源，是指长期地或者临时地生产、搬运、使用或者储存危险物品，且危险物品的数量等于或者超过临界量的单元。

1）单元（Unit）
涉及危险物品的生产、储存装置、设施或场所，分成生产单元和储存单元。

2）临界量（Threshold Quantity）
某种或某类危险物品构成重大危险源所规定的最小数量。

3）生产单元（Production Unit）
危险物品的生产、加工及使用等的装置及设施，当装置及设施之间有切断阀时，以切断阀作为分隔界线划分为独立的单元。

4）储存单元（Storage Unit）
用于储存危险物质的储罐或仓库组成的相对独立的区域，储罐区以罐区防火堤为界限划分为独立的单元，仓库以独立库房（独立建筑物）为界限划分为独立的单元。

109. 危险源辨识（Hazard Identification）

危险源辨识，是指识别危险源并确定其特性的过程。

110. 危险指数法（Risk Index Method）

危险指数法，是指根据危险化学品的数量、性质、位置和生产类型，评估和计算危险化学品生产、储存装置的危险指数,并确定外部安全防护距离的方法。

111. 内部最小允许距离（Internal Minimum Allowable Distance）

内部最小允许距离,是指危险性建筑物与相邻建筑物之间,在规定的破坏标准下所允许的最小距离。它是按建筑物的危险等级和计算药量确定的。

112. 外部最小允许距离（External Minimum Allowable Distance）

外部最小允许距离,是指危险性建筑物与外部各类目标之间,在规定的破坏标准下所允许的最小距离。它是按建筑物的危险等级和计算药量确定的。

113. 防火间距（Residential Building Code）

防火间距,是指防止着火建筑在一定时间内引燃相邻建筑、便于消防扑救的间隔距离。

114. 最高容许浓度（Maximum Allowable Concentration）

最高容许浓度,是指在工作场所的空气中,一个工作日内的任何时间,均不容许超过的有毒物质的浓度。

115. 烟花爆竹（Fireworks and Firecracker）

烟花爆竹,是以烟火药为原料,通过着火源作用燃烧（爆炸）并伴有声、光、色、烟、雾等效果的产品。

按照药量及所能构成的危险性大小,烟花爆竹产品分为A、B、C、D四级。A级：由专业燃放人员在特定的室外空旷地点燃放、危险性很大的产品。B级：由专业燃放人员在特定的室外空旷地点燃放、危险性较大的产品。C级：适于室外开放空间燃放、危险性较小的产品。D级：适于近距离燃放、危险性很小的产品。

116. 烟花爆竹安全（Fireworks Safety）

烟花爆竹安全,是指依据相关安全生产法律法规、标准和安全操作规程,建立健全安全生产责任制，减少或降低烟花爆竹生产、储存、运输、燃放试验和危险废物销毁等过程中的风险，预防事故发生。

117. 煤矿安全（Coal Mine Safety）

煤矿安全，是指降低或消除煤矿采煤、掘进、通风、机电、排水、供电运输等系统中的危险、有害因素造成事故的可能性，减小产生的对人身健康的危害、设备设施及环境社会的破坏。

118. 煤层气（Coal Bed Methane）

煤层气，是指赋存在煤层中以甲烷为主要成分，以吸附在煤基质颗粒表面为主、部分游离于煤孔隙中或溶解于煤层水中的烃类气体。

119. 瓦斯抽放（Gas Drainage）

瓦斯抽放，是指采用专用设备和管路把煤层、岩层和采空区的瓦斯抽出或排出的措施。

120. 矿井通风系统（Mine Ventilation System）

矿井通风系统是矿井通风方式、通风方法、通风网络、通风设备和通风控制设施（通风构筑物）的总称，其目的是将新鲜空气输入井下各作业地点，增加氧气浓度，以稀释并排除矿井中有毒、有害气体和粉尘。

121. 金属非金属矿山（Metal and Nonmetal Mine）

金属非金属矿山，是指除煤矿、煤系硫铁矿、与煤共生伴生矿山、石油天然气矿山以外的所有矿山，以及尾矿库、排土场等矿山附属设施的总称。

金属非金属矿山按开采方式，可分为地下矿山和露天矿山。地下矿山是指以平硐、斜井、斜坡道、竖井等作为入口，深入地表以下，采出供建筑业、工业或加工业用的金属或非金属矿的采矿场及其附属设施。露天矿山是指在地表开挖区通过剥离围岩、表土和砾石，采出供建筑业、工业或加工业用的金属或非金属矿物的采矿场及其附属设施；根据矿床埋藏条件和地形条件，分为山坡露天矿和凹陷露天矿两大类。

122. 金属非金属矿山安全（Metal and Nonmetal Mine Safety）

金属非金属矿山安全，是指依据相关安全生产法律法规、标准和安全操作规程，建立健全安全生产责任制，减少或降低金属非金属矿山生产活动中的风险，预防事故发生。

123. 边坡（Side Slope）

边坡，是坡面、坡顶及其下部一定深度坡体的总称。边坡的临空斜面称为坡面，坡面与坡顶面的转折部分称为坡肩，边坡的最下部与平地相接部位称为坡脚，坡面与理想水平面交线称为边坡走向线，坡面与理想水平面的最大夹角称为坡脚，坡顶面与坡面下部至坡脚范围内的岩（土）体称为坡体。

边坡按岩性不同可分为岩质边坡和土质边坡；按地质环境与人工改造的程度可分为自然边坡和人工边坡；按边坡高度不同可分为超高边坡、高边坡、中边坡和低边坡；按边坡坡度不同可分为微斜边坡、平缓边坡、陡坡、急坡、悬坡、倒坡；按变形情况不同可分为未变形边坡和变形边坡；按在采场所处的位置不同可分为底帮边坡、顶帮边坡和短帮边坡。

边坡工程防护技术可分为工程加固措施与工程防护措施。工程加固措施可以对边坡起加固作用，比如锚杆、抗滑桩和挡土墙等加固措施；工程防护措施用于对边坡坡面进行防护，只适用于稳定边坡，主要应用于岩石边坡，比如干砌片石防护、喷射混凝土护坡等，其作用是防止岩石边坡坡面被风化、土质边坡坡面被雨水冲刷。

124. 边坡稳定（Slope Stability）

边坡稳定，是指自然边坡或人工边坡保持安全稳定的条件和能力。这两类边坡的岩土体在各种内外因素作用下逐渐发生变化，坡体应力状态也随之改变，当滑动力或倾覆力达以至超过抗滑力或抗倾覆力而失去平衡时，即出现变形破坏，造成灾害或威胁建筑物安全。

125. 边坡监测（Slope Monitoring）

边坡监测，是指在边坡开挖过程中对边坡岩体位移、地下水参数、爆破量级和人工加固结构物承受荷载变化过程的系统量测。

边坡监测由坡表变形监测、边坡地下位移监测和地下水压监测组成。对边坡进行监测，主要包括以下方面：围岩，位移、倾斜、应力应变、地形变化，地震、爆破震动，降雨量、气温、地表（下）水（水位、水质、水温、泉流量、孔隙水压力）等。

126. 排土场（Waste Dump）

排土场，是指露天矿开采过程中，将覆盖在矿体上部及周围的表土和岩石剥离后接受排弃岩土的场地。

按排土场和露天采矿场的相对位置关系，把位于露天矿境界以外的排土场叫外部排土场，把位于露天矿采空区内部的排土场叫内部排土场。

127. 尾矿库（Tailings Reservoir）

尾矿库，是指筑坝拦截谷口或围地构成的，用以堆存金属非金属矿山进行矿石选别后排出的尾矿或其他工业废渣的场所。

尾矿库通常有下列几种类型：山谷型尾矿库、傍山型尾矿库、平地型尾矿库和截河型尾矿库。

128. 尾矿坝（Tailings Dam）

尾矿坝，是指挡尾矿和水的尾矿库外围构筑物，常泛指尾矿库初期坝（又称基础坝）和后期坝（又称尾矿堆积坝）的总称。

初期坝是在矿山主体工程基建期间，同时在尾矿坝址上用土、石料修筑成的坝体。它用以容纳选矿厂生产初期半年至一年排出的尾矿量，并作为后期坝的支撑及排渗棱体。

129. 金属冶炼安全（Metal Smelting Safety）

金属冶炼安全，是指金属冶炼行业依据相关安全生产法律法规、标准和安全操作规程等，减少或减弱生产经营活动中的危险有害因素，控制安全风险，预防事故发生。

130. 建筑施工安全（Construction Safety）

建筑施工安全，是指在建筑施工过程中，依据相关安全生产法律法规、标准和安全操作规程等，建立健全安全生产责任制，减少或降低建筑施工过程中的风险，预防事故发生。

131. 城市安全（Urban Safety）

城市安全，是指可能引起自然灾害、事故灾难、公共卫生事件、社会安全事件等发生的风险在可接受范围内，为城市居民提供良好秩序、舒适生活和人身健康。

132. 交通安全（Traffic Safety）

交通安全，是指交通参与者在交通出行中遵守相关交通法规，避免发生人身伤亡或财产损失的全过程。

133. 石油天然气安全（Oil and Gas Industry Safety）

石油天然气行业安全，是指依据相关法规、标准规范和操作规程，严格把控石油天然气勘探开发、油气集输以及炼化等生产过程中的风险，减少或减弱生产经营活动中的危险有害因素，预防事故发生。

134. 机械安全（Mechanical Safety）

机械安全，是指在生产和使用机械的过程中，依据相关法规、标准规范和操作规程，控制安全风险，预防事故发生。

四、人员防护

135. 劳动保护（Labor Protection）

劳动保护，是指政府、企事业单位为保护劳动者在生产过程中的安全与健康，消除和预防生产过程中可能发生的伤亡，职业病和急、慢性职业中毒等所制定或采取的法律、规章、标准、文件、科普工程技术措施、安全文化、培训教育等各项措施的总称。

劳动保护的目的是为劳动者创造安全、卫生、舒适的劳动工作条件，消除和预防劳动生产过程中可能发生的伤亡、职业病和急性职业中毒，保障劳动者以健康的劳动力参加社会生产，促进劳动生产率的提高，保证社会主义现代化建设顺利进行。

劳动保护的基本内容包括：劳动保护的立法和监察，工作时间与休假制度，女职工和未成年工的特殊保护，劳动保护的管理与宣传，劳动安全技术与工程，伤亡事故的调查、分析、统计报告和处理等。

136. 职业健康（Occupational Health）

职业健康，是指对生产经营场所内产生的有毒有害因素及其健康损害进行识别、评估、预测和控制，预防和保护作业人员免受职业性有害因素所导致的健康影响和危险，保障作业人员在生产经营活动中的身心健康。

常见的职业危害因素有：
（1）化学因素：化学物质、有毒物质、粉尘等。
（2）物理因素：高低温、高低气压、高湿、噪声、振动、辐射等。
（3）生物因素：细菌、病毒等。
（4）劳动损伤性因素：由于有关器官及肌群等长期紧张、过度疲劳、不适当的强迫性体位或工具引起的职业性骨骼肌肉损伤等疾患。

137. 安全防护（Safety Protection）

安全防护，是指为确保安全而采取的各种防护措施。

安全是目的，防护是手段，通过防范的手段达到或实现安全的目的，是安全防护的基本内涵。

138. 人机功效（Ergonomic）

人机功效，是指人、机器及环境间相互协调，合理分配人和机器承担的操作职能，使之相互适应，从而为人创造安全和舒适的工作环境，使功效达到最优。

139. 安全防护装置（Safety Protection Device）

安全防护装置，是指配置在机械设备上能防止危险部位及危险因素引起伤害，保障人身和设备安全的所有安全装置。当操作者处于危险区或设备处于不安全状态时，安全防护装置能直接产生安全保护作用。

安全防护装置按安全防护方式可分为隔离防护装置、联锁控制防护装置、超限保险装置、紧急制动装置、报警装置和安全防护控制装置。

140. 劳动防护用品（Personal Protective Equipment）

劳动防护用品，是指为保护劳动者在生产经营过程中的安全和健康，发给劳动者个人使用的防护用品。按照防护部位，分为头部护具、呼吸护具、眼部护具、听力护具、防护鞋、防护手套、防护服、防坠落护具、护肤用品九类。

141. 劳动防护用品"三证"和"一标志"（"Three Certificates" and "One Mark" of Personal Protective Equipment）

劳动防护用品"三证"，是指生产许可证、产品合格证、安全鉴定证；"一标志"，是指安全标志。

142. 防护性能（Protective Performance）

防护性能，是指防御各种危险和有害因素，保护作业人员安全与健康的能力。

143. 劳动条件（Work Conditions）

劳动条件，是指为保护劳动者在生产过程中的安全与健康所必需具备的物质技术条件，包括劳动环境条件、设备工艺条件、安全与健康设施等。

广义劳动条件指劳动者借以实现其劳动的一切物质条件，包括生产资料、劳动工具、劳动环境等；狭义上的劳动条件，指有关生产过程中劳动者的安全、卫生和劳动强度等方面的条件，如厂房建筑和机器设备的安全状况，车间温度、湿度、通风、照明等条件，防护用品、安全卫生设施，机械化程度等。

144. 劳动安全（Labor Safety）

劳动安全，是指劳动者在生产过程中的安全，包括防止触电、机械伤害、坠落、塌陷、爆炸、火灾、中毒等危及劳动者人身安全的措施。

五、特殊作业

145. 带电作业（Live Line Work）

带电作业，是指工作本身不需要停电，且没有偶然触及带电部位危险的作业，以及直接在带电部位上进行的作业。

146. 动火作业（Hot Work）

动火作业，是指直接或间接产生明火的工艺设备以外的禁火区内可能产生火焰、火花或炽热表面的非常规作业，如使用电焊、气焊（割）、喷灯、电钻、砂轮等进行的作业。

147. 低温作业（Low-Temperature Work）

低温作业，是指在低于允许温度下限的气温条件下进行的作业。允许温度是指工作地点平均气温等于或低于 5 ℃。

低温作业工作有高山高原工作、潜水员水下工作、现代化工厂的低温车间作业以及寒冷气候下的野外作业等。

148. 高温作业（High-Temperature Work）

高温作业，是指在高气温、或高气温合并高气湿（相对湿度≥80% RH）、或强烈热辐射条件下进行生产劳动的作业。包括高温天气作业和工作场所高温作业。

高温作业时，人体可能出现一系列生理功能的改变，主要表现为：体温调节，水盐代谢，循环系统、消化系统、神经系统、泌尿系统等的适应性变化。高温作业预防和保健应主要针对中暑发生的各种原因进行。

149. 高湿作业（High-Humidity Work）

高湿作业，是指在生产经营活动中，工作地点平均湿球黑球温度大于或等于25 ℃的作业。

150. 低气压作业（Low-Pressure Work）

低气压作业，是指在低于大气压环境中的作业。

低气压的作业有高空或高原作业等，如航空飞行、高山专业。其主要危害体现在海拔高，氧分压低，紫外辐射强烈、低温、低湿、风速大。低气压作业易引起航空病、高山病。

151. 高气压作业（High-Pressure Work）

高气压作业，是指在高于大气压环境中的作业。

高气压作业常见的包括三种：潜水作业，潜涵作业以及其他在高压氧舱、加压舱和高压科学研究舱等内的作业。

152. 高处作业（Height Operations）

高处作业，是指凡在坠落高度基准面 2 m 以上（含 2 m）有可能坠落的高处进行的作业。

建筑施工中的高处作业主要包括临边、洞口、攀登、悬空、交叉等五种基本类型。

153. 高原作业（Altitude Work）

高原作业，是指在海拔 3000 m 以上的地点进行的作业。

154. 有尘作业（Dusty Work）

有尘作业，是指作业场所空气中粉尘含量超过国家标准中粉尘的最高容许浓度的作业。

155. 有毒作业（Toxic Work）

有毒作业，是指作业场所空气中有毒物质含量超过国家标准中有毒物质的最高容许浓度的作业。

156. 受限空间作业（Confined Space Work）

受限空间作业，是指作业人员进入受限空间实施的作业活动。

157. 特种作业（Special Operation）

特种作业，是指容易发生事故，对操作者本人、他人的安全健康及设备、设施的安全可能造成重大危害的作业。

特种作业主要包括十一类：电工作业、焊接与热切割作业、高处作业、制冷与空调作业、煤矿安全作业、金属非金属矿山安全作业、石油天然气安全作业、冶金（有色）生产安全作业、危险化学品安全作业、烟花爆竹安全作业、应急管理部认定的其他作业。

158. 特种作业人员（Special Operation Personnel）

特种作业人员，是指取得特种作业操作资格证书、直接从事特种作业的人员。

159. 特种设备（Special Equipment）

特种设备，是指涉及生命安全、危险性较大的锅炉、压力容器（含气瓶）、压力管道、电梯、起重机械、客运索道、大型游乐设施和场（厂）内专用机动车辆等。其中，锅炉、压力容器（含气瓶）、压力管道为承压类设备，电梯、起重机械、客运索道、大型游乐设施为机电类设备。

160. 压力容器（Pressure Vessel）

压力容器，是指器壁能承受内压或外压的密闭容器。包括固定式压力容器、移动式压力容器、气瓶和氧舱四大类。具体到实际工业生产中，如反应容器、储运容器、换热容器和分离容器等均属于压力容器。根据结构形式，又分为多层式压力容器、绕板式压力容器、型槽绕带式压力容器、热套式压力容器、锻焊式压力容器和厚板卷焊式压力容器等。由于实际生产环境的不同，根据不同压力水平，又以 0.1 MPa、1.6 MPa、10 MPa 和 100 MPa 为节点将压力容器划分为低压容器、中压容器、高压容器和超高压容器四大类。

161. 压力管道（Pressure Pipline）

压力管道，是指利用一定的压力，用于输送气体或者液体的管状设备，其范围规定为最高工作压力大于或者等于 0.1 MPa（表压）的气体、液化气体、蒸汽介质，或者可燃、易爆、有毒、有腐蚀性、最高工作温度高于或者等于标准沸点的液体介质，且公称直径大于 25 mm 的管道。

按照用途，压力管道可分为长输管道、集输管道、公用管道、工业管道、动力管道，主要用于燃油、燃气、蒸汽和工业用危险介质的输送，广泛用于能源供应、石油化工、城市发展的基础设施和人民生活的基础条件等领域。

六、安全管理

162. 安全标志（Safety Signs）

安全标志，是用于表达特定安全信息的标志，由图形符号、安全色、几何形状（边框）或文字构成，是向人们警示工作场所或周围环境的危险状况，指导人们采取合理行为的标志。

安全标志分为禁止标志（红色）、警告标志（黄色）、指令标志（蓝色）、提示标志（绿色）四大类型。

163. 安全操作规程（Safety Operation Regulations）

安全操作规程，是指有关部门为保证本部门的生产、工作能够安全、稳定、有效运转而制定的安全生产程序规范，相关人员在操作设备或作业时必须遵循的程序或步骤。

安全操作规程包含三个要素，即人、机具和工件（或其他作业对象）。

164. 安全技术规程（Safety Technical Regulations）

安全技术规程，是指为保障劳动者安全，防止生产过程中的伤亡事故而制定的标准规范。其既有技术措施的规定，又有组织管理措施的规定。

安全技术规程主要包括机械设备的安全装置、电气设备的安全装置、动力锅炉的安全装置、工作场所的安全装置、厂房建筑和道路的安全装置等方面的法规。

165. 安全成本（Safety Cost）

安全成本，是指为了预防、控制和处理事故发生所产生的费用，以及因事故发生而造成的一切损失之和。

安全成本是企业成本的一个重要组成部分。按其发生的性质，可分为预防费用与损失费用；按其发生的方式，可分为企业安全费用与安全控制点上的费用。

166. 安全成本分析（Safety Cost Analysis）

安全成本分析，是指根据相关资料，对安全成本构成与变动情况进行分析，系统研究影响安全成本升降的因素及其变动的原因，寻找降低安全成本的途径。

提高或改变安全性，需要投入或付出成本，且安全性要求越大，需要成本越高。从理论上讲，要达到100%的安全（绝对安全），所需投入趋于无穷大。

167. 安全目标管理（Safety Objective Management）

安全目标管理，是指企业在一定时期内制定的具体实施安全生产管理的安全目标，以及为实现这一目标所需进行的计划、决策、组织、协调、实施、考核等一系列工作的总称。

安全目标管理是依据目标管理的原则，采用现代化管理手段的一种安全生产管理的方法。它可使安全生产管理目标化、定量化，达到每个职工都明确自己的责任，激发他们做好安全生产工作的责任心和积极性。

安全目标管理包括目标体系的制定、目标的实施、成果的评价三个阶段。安全目标包括各类工伤事故的控制指标、经济损失指标、尘毒作业点浓度合格率控制指标以及对日常安全生产管理工作要求的定量化指标。安全目标的实施包括：①对安全目标进行层层分解，使每个职工都明确自己在实现安全目标中应负的责任；②加强领导和管理，强化自下而上的保证体系，保证各项目标值的完成。成果的评价是按照"目标实施计划表"的要求，在所有目标实施活动已按预定要求完成后，以定的目标值为考核指标，对实际取得的成果进行评价，并将评价结果及时反馈给执行者。企业制定的安全生产管理的安全目标，要由上而下地层层分解，制定各级、各部门直至每个职工的安全目标，依靠全体职工自下而上的保证体系，最终促成企业总目标的实现。

168. 安全管理定量方法（Quantitative Method of Safety Management）

安全管理定量方法，基于系统论对安全系统的层次划分可以分为三个角度或方法的体系：微观的定量方法体系、中观的定量方法体系和宏观的定量方法体系。

169. 安全管理模式（Safety Management Mode）

安全管理模式，是指安全管理的方式方法，包括必须具备的安全生产条件、安全生产目标与责任、安全生产教育与培训、安全投入经费、危险源管理与控制、安全质量标准化、职业安全健康等管理。

安全管理模式主要有经验管理模式、事故管理模式、科学管理模式、文化管理模式、目标管理模式等。

170. 安全管理评审（Safety Management Review）

安全管理评审，是指最高管理者按策划的时间间隔对组织的安全管理体系进行评审，以确保其持续的适宜性、充分性和有效性。

安全管理评审的内容主要是根据体系审核的结果、不断变化的客观环境和对持续改进的承诺，指出安全绩效、安全方针和目标、资源以及安全管理体系其他要素可能需要进行的修改。

171. 安全管理体系（Safety Management System）

安全管理体系是系统性、持续性、规范性的安全管理理念，采用主动、预防性的管理模式，以实现安全生产为目标，对人力、物力、财力等进行组织管理。

172. 安全技能（Safety Skill）

安全技能，是指人们安全完成作业的技巧和能力。包括作业技能、熟练掌握作业安全装置设施的技能以及在应急情况下进行妥善处理的技能。

173. 安全行为规范（Safety Code of Conduct）

安全行为规范，是指国家及各级政府部门颁布的有关安全法律、规定、指令、条例、办法、标准以及企业制定的有关安全生产的规章制度、技术措施和操作规程等的总称。

安全行为规范的具体内涵与要求包括：①落实安全法规条例（安全三类人员）；②执行国家、行业安全标准（技术管理人员）；③履行安全管理责任（职能岗位人员）；④学习安全技术知识（偏重现场管理人员、作业人员）；⑤遵守安全操作规程（作业人员）。

174. 安全投入（Safety Input）

安全投入，是指投入安全活动的一切人力、物力和财力的总和，是企业在其自身生产经营和发展的全过程中，为控制危险因素、消除事故隐患、提高员工安全素质、加强安全管理、改善生产环境、维持和保障企业安全生产所投入的各种资源总和。

安全生产投入包括：安全专职人员的配备，安全技术与职业卫生技术设施的投入，安全设施维护、保养及改造的投入，安全教育及培训的花费，个体劳动防护及保健费用，事故援救及预防费用，事故伤亡人员的救治花费等。

175. 安全效益（Safety Benefits）

安全效益，是指通过有效的安全投入，实现特定的安全保障条件和达到特定的安全水平，对国家、社会、集体、企业或个人所产生的效果及利益。

安全效益包括安全经济效益和安全社会效益。安全经济效益包括两方面的内容：第一，直接减轻或免除事故或危害事件给人、社会和自然造成的损伤，实现保护人类财富，减少无益损耗和损失，简称为减损收益；第二，保障劳动条件和维护经济增值过程，简称为增值收益。安全经济效益的计算，可采用宏观经济效益计量法和微观经济效益计量法。安全社会效益也叫安全的非经济效益，是指安全条件的实现对国家和社会发展、企业或集体生产的稳定、家庭或个人的幸福所起的积极作用。

安全效益具有间接性、后效性（滞后性）、长效性、多效性、潜在性、复杂性等特征。

提高安全效益的基本途径为提高安全水平和合理配置安全投入。

176. 安全生产绩效（Performance of Work Safety）

安全生产绩效，是指根据安全管理方针和目标，在日常安全生产、控制安全风险和消除事故隐患等方面所取得的可测量结果。

第三章 监管监察术语

177. 安全生产工作方针（Work Safety Policy）

安全生产工作方针，是指以人为本，坚持安全发展，坚持安全第一、预防为主、综合治理的方针。安全生产工作方针是我国安全生产实践经验的科学总结，是安全生产工作的灵魂。

178. 安全生产红线（Work Safety Redline）

安全生产红线，是指发展决不能以牺牲安全为代价。

十八大以来，总书记等中央领导同志就做好安全生产工作作出一系列重要指示，强调"发展决不能以牺牲人的生命为代价，这必须作为一条不可逾越的红线"。

十九大以后，总书记等中央领导同志对安全生产提出了更高要求，并指出了"发展决不能以牺牲安全为代价"这条安全生产红线。

179. 安全生产基本原则（Basic Principles of Work Safety）

《中共中央 国务院关于推进安全生产领域改革发展的意见》指出5项安全生产基本原则：①坚持安全发展；②坚持改革创新；③坚持依法监管；④坚持源头防范；⑤坚持系统治理。

180. 安全风险分级管控（Risk Hierarchic Management and Control）

安全风险分级管控，是指通过识别生产经营活动中存在的危险、有害因素，并运用定性或定量的统计分析方法确定其风险严重程度，进而确定风险控制的优先顺序和风险控制措施，以达到改善安全生产环境、减少和杜绝安全生产事故的目标而采取的措施和规定。

安全风险分级管控的基本原则是：风险越大，管控级别越高；上级负责管控的风险，下级必须负责管控，并逐级落实具体措施。

181. 双重预防机制（Dual Prevention Mechanism）

双重预防机制，是指安全风险分级管控和隐患排查治理双重预防机制，是对辨识出的安全风险进行分类梳理，对不同类别的安全风险采用相应的风险评估方法确定安全风险等级，并从组织、制度、技术、应急等方面对安全风险进行有效管控的机制。

182. 风险防范化解机制（Risk Prevention and Resolution Mechanism）

风险防范化解机制，是指通过加强风险评估和监测预警，提升多灾种和灾害链综合监测、风险早期识别和预报预警能力。

在安全生产工作中，要健全风险防范化解机制，坚持从源头上防范化解重大安全风险，真正把问题解决在萌芽之时、成灾之前。

183. 安全生产"三个必须"（"Three Essentials" of Work Safety）

安全生产"三个必须"，是指管行业必须管安全、管业务必须管安全、管生产经营必须管安全。

184. 安全生产"一岗双责"（"One Post with Dual Responsibilities" of Work Safety）

安全生产"一岗双责"，是指地方各级人民政府及其有关部门的主要负责人分别对本行政区域、本行业安全生产工作负全面领导责任；分管安全生产的负责人是安全生产工作综合监督管理的责任人，对安全生产工作负组织领导和综合监督管理领导责任；其他负责人对各自分管工作范围内的安全生产工作负直接领导责任。

185. 重大安全风险"一票否决"("One-Vote Veto" for Major Safety Risks)

《中共中央 国务院关于推进安全生产领域改革发展的意见》提出实行重大安全风险"一票否决":高危项目审批必须把安全生产作为前置条件,城乡规划布局、设计、建设、管理等各项工作必须以安全为前提,实行重大安全风险"一票否决"。坚决做到不安全的规划不批、不安全的项目不建、不安全的企业不生产。

186. 安全生产宣传教育"七进"("Seven Introducing" of Work Safety Propaganda and Education)

安全生产宣传教育"七进",是指进企业、进校园、进机关、进社区、进农村、进家庭、进公共场所。

187. 安全生产"四不两直"("Four Noes and Two Straights" of Work Safety)

安全生产"四不两直",是指安全生产检查要不发通知、不打招呼、不听汇报、不用陪同和接待,直奔基层、直插现场。

188. 安全设施"三同时"("Three Simultaneities" of Safety Facilities)

安全设施"三同时",是指生产经营单位新建、改建、扩建工程项目的安全设施必须与主体工程同时设计、同时施工、同时投入生产和使用。

189. 安全生产"双随机、一公开"("Dual Random" and "One Open" of Work Safety)

安全生产"双随机、一公开",是指在监管过程中随机抽取检查对象,随机选派执法检查人员,抽查情况及查处结果及时向社会公开。

190. 安全生产许可制度(Work Safety License Institution)

安全生产许可制度,是指我国对企业从事安全生产活动应当具备的各种准入条件实施行政许可的法律制度,旨在严格规范安全生产条件,进一步加强安全生产监督管理，防止和减少生产安全事故。

191. 安全培训工作制度（Safety Training System）

安全培训工作制度，是指以提高安全生产监管人员，生产经营单位的主要负责人、安全生产管理人员、特种作业人员和其他从业人员等人员的安全素质为目的而进行的安全培训的工作制度。

192. 重大事故查处挂牌督办制度（Investigation and Listing Supervision System for Major Accidents）

重大事故查处挂牌督办制度，是指国务院安全生产委员会对重大事故调查处理实行挂牌督办，各省级人民政府落实挂牌督办事项，省级人民政府安全生产委员会办公室具体承担本行政区域内重大事故挂牌督办事项的综合工作。

193. 重大隐患"双报告"制度（"Double Reporting" System of Major Potential Hazard）

重大隐患"双报告"制度，是指重大隐患治理情况向负有安全生产监督管理职责的部门和企业职代会"双报告"的制度。

194. 安全生产责任制（Work Safety Responsibility System）

安全生产责任制，是指根据"管生产必须管安全"的原则，以制度的形式，明确规定企业的每一位员工在生产部门活动中应负的安全责任。它是企业岗位责任制的一个重要组成部分，是企业最基本最核心的一项安全管理制度。

地方党政领导干部要落实安全生产责任制，坚持党政同责、一岗双责、齐抓共管、失职追责，坚持管行业必须管安全、管业务必须管安全、管生产经营必须管安全的原则。地方各级党委和政府主要负责人是本地区安全生产第一责任人，班子其他成员对分管范围内的安全生产工作负领导责任。

195. 安全生产承诺制（Work Safety Commitment System）

安全生产承诺制，是指企业法定代表人和项目负责人分别代表企业和项目向社会公开承诺：严格执行安全生产各项法律法规和标准规范，严格落实安全生产责任制度，自觉接受政府部门依法检查；因违法违规行为导致生产安全事故发生的，承担相应法律责任，接受政府部门依法实施的处罚。

196. 安全生产法规（Work Safety Laws and Regulations）

安全生产法规，是指在生产活动中产生的同劳动者的安全与健康，以及生产资料和社会财富安全保障相关的各种社会关系的法律、规章的总和。

197. 安全生产法律体系（Work Safety Legal System）

安全生产法律体系，是指我国全部现行的安全生产法律、规章形成的有机联系的统一整体。

198. 安全生产规章制度（The Rules and Regulations of Work Safety）

安全生产规章制度，是指以安全生产责任制为核心，指引和约束人们在生产经营单位中的行为的制度，其是安全生产的行为准则。

安全生产规章制度主要包括安全生产责任制、安全操作规程和基本的安全生产管理制度。其作用是明确各岗位安全职责、规范安全生产行为、建立和维护安全生产秩序。

199. 安全技术措施计划（Plan of Technical Measures）

安全技术措施计划（又称劳动保护技措计划），简称安措计划，是指生产经营单位为了保护职工在生产经营活动中的安全和健康，在本年度或一定时期内根据需要而确定的改善生产经营条件的项目和措施。

200. 安全监督体系（Supervision System of Work Safety）

安全监督体系，是指直接对企业安全第一责任人和安全主管领导负责，要监督、检查安全保证体系在执行生产任务的全过程中，是否严格遵守各项规章制度，是否落实了安全技术措施和防范事故技术措施，是否保证了生产的安全可靠。

201. 应急管理法律体系（Legal System of Emergency Management）

应急管理法律体系，是指关于突发事件引起的紧急情况下如何处理国家权力之间、国家权力与公民权利之间、公民权利之间的各种社会关系的法律规范和原则的总和。

202. 安全生产责任保险（Work Safety Liability Insurance）

安全生产责任保险，简称安责险，是指保险机构对投保的生产经营单位发生事故造成的人员伤亡和有关经济损失等予以赔偿，并为投保的生产经营单位提供事故预防服务的商业保险。

203. 安全生产责任保险制度（Work Safety Liability Insurance System）

安全生产责任保险制度，是指为发挥安全生产责任保险在安全生产中的促进作用，完善安全事故预防和突发事件应急处置机制，切实保障生产经营单位及有关人员的合法权益设立的制度。

2016年12月9日下发的《中共中央 国务院关于推进安全生产领域改革发展的意见》指出：取消安全生产风险抵押金制度，建立健全安全生产责任保险制度，在矿山、危险化学品、烟花爆竹、交通运输、建筑施工、民用爆炸物品、金属冶炼、渔业生产等高危行业领域强制实施，切实发挥保险机构参与风险评估管控和事故预防功能。

204. 安全生产责任体系（Responsibility System of Work Safety）

安全生产责任体系，是指政府属地管理、负有安全监督管理工作的部门综合监管、行业主管部门直接监管、生产经营单位负安全生产主体责任的体系。

205. 安全生产标准体系（Work Safety and Health Standards System）

安全生产标准体系，是指为维持生产经营活动、保障安全生产而制定颁布的一切有关维护安全生产方面的技术、管理、方法、产品等标准的有机组合，是我国安全生产法律体系的重要组成部分。

安全生产标准分为基础标准、管理标准、技术标准、方法标准和产品标准等五类。

206. 安全检查（Safety Inspection）

安全检查，是指负有安全生产监督管理职责的部门、企业主管部门或企业自身所开展的对企业贯彻安全生产法规政策情况、安全生产状况、安全生产条件、事故隐患等的检查。

207. 安全生产行政许可（Administrative License of Work Safety）

安全生产行政许可，是指负有安全生产监督管理职责的部门根据公民、法人或者其他组织的申请，依法审查，准予其从事直接关系人身和财产安全等特定活动的具体行政行为。

208. 安全生产行政处罚（Administrative Penalty of Work Safety）

安全生产行政处罚，是指负有安全生产监督管理职责的部门依法对违反安全生产法律和规章的公民、法人或其他组织实施的一种行政制裁行为。

安全生产行政处罚的基本特征包括：①是负有安全生产监督管理职责的部门行使国家惩罚权的活动；②是负有安全生产监督管理职责的部门针对公民、法人或者其他组织违法行为的查处活动，不同于行政机关内部工作人员的行政处分；③是负有安全生产监督管理职责的部门为维护安全生产工作管理秩序的具体行政行为，不同于惩罚犯罪的刑罚。

安全生产行政处罚的基本原则包括：①处罚法定原则；②处罚公正及公开原则；③保障权利原则；④处罚与教育相结合原则；⑤一事不再罚原则。

安全行政处罚的种类包括：①警告；②罚款；③没收违法所得；④责令停产停业整顿、责令停产停业、责令停止建设、责令停止施工；⑤暂扣或者吊销有关许可证，暂扣或撤销有关执业资格、岗位证书；⑥关闭；⑦拘留；⑧安全生产法律、行政法规规定的其他行政处罚。

209. 安全生产行政处罚简易程序（Summary Procedure of Administrative Penalty of Work Safety）

安全生产行政处罚简易程序，即当场处罚程序，是指负有安全生产监督管理职责的部门对案情简单清楚、处罚较轻的安全生产行政违法行为当场给予处罚所采用的程序。

210. 安全生产行政执法（Administrative Law Enforcement of Work Safety）

安全生产行政执法，是指负有安全生产监督管理职责的部门及其行政执法人员依照法定的职权和程序，对生产经营单位实施的有关安全生产行政许可、监督检查、行政处罚、行政强制等影响行政相对人权利、义务的行政行为以及开展行政复议、参加行政诉讼、履行国家赔偿义务等行政行为的总称。

211. 安全生产联合执法（Joint Enforcement of Work Safety）

安全生产联合执法，是指某一领域的安全生产行为涉嫌违反多个法律、规章、标准、规定等，或者具有交叉等其他情形，需要多个执法机关共同实施的执法活动。

在安全生产联合执法活动中，各行政执法机关对属于本部门管辖的违法违规行为，依法独立调查取证，分别作出决定，并对自己的行为承担责任；属于交叉管辖权等其他情形的，遵循"一事不再罚"的行政处罚原则，在各执法主体独立执行的情况下，协调、明确实施行政处罚的执法主体。

212. 安全生产行政衔接（Administrative Convergence of Work Safety）

安全生产行政衔接，是指负有安全生产监督管理职责的部门与其他政府部门针对涉嫌安全生产的违法犯罪行为建立的安全生产行政执法与刑事司法衔接工作机制。其目的是依法惩治安全生产违法犯罪行为，保障人民群众生命财产安全和社会稳定。

213. 安全生产监督检查计划（Supervision and Inspection Plan of Work Safety）

安全生产监督检查计划，是指负有安全生产监督管理职责的部门依照《中华人民共和国安全生产法》等法律、法规、规章和本级人民政府规定的安全生产监管职责，根据各自的监管权限、行政执法人员数量、监管的生产经营单位状况、技术装备和经费保障等实际情况，为实施安全生产监督检查工作而预先拟定的工作计划。

214. 安全生产行政强制（Administrative Enforcement of Work Safety）

安全生产行政强制，是指负有安全生产监督管理职责的部门为预防和制止安全生产违法行为，或者为保证行政决定的履行而对行政相对人采取的强制行为。

行政强制分为行政强制措施和行政强制执行：

（1）行政强制措施，是指负有安全生产监督管理职责的部门在行政管理过程中，为制止违法行为、防止证据损毁、避免危害发生、控制危害扩大等情形，依法对公民、法人或者其他组织的财物实施暂时性控制的行为。

（2）行政强制实施，是指负有安全生产监督管理职责的部门或者由其申请人民法院，对不履行行政决定的公民、法人或者其他组织，依法强制履行义务的行为。

215. 安全生产行政案件移送（Administrative Case Transfer of Work Safety）

安全生产行政案件移送，是指负有安全生产监督管理职责的部门依照有关法律法规和部门"三定"规定等相关规定，将安全生产执法过程中发现的违法案件按照程序移交给有管辖权的行政机关依法处理的行为。

216. 安全生产行政执法人员（Administrative Law Enforcement Officials of Work Safety）

安全生产行政执法人员，是指在负有安全生产监督管理职责部门中取得执法资格，承担安全生产监督管理职责的执法者。

217. 安全生产行政执法统计分析（Statistical Analysis of Administrative Law Enforcement of Work Safety）

安全生产行政执法统计分析，是指根据统计学的原理和技术方法，运用大量的安全生产行政执法统计数据，通过梳理、分析、概括，来反映、评价一个时期内安全生产监督检查执法活动的现状、特点、规律，对安全生产执法效果进行量化分析，给出定性的结论，提出解决问题的措施和办法。

安全生产行政执法统计分析是衡量安全生产行政执法统计工作水平的综合标准，是传播安全生产行政执法统计信息的有效工具；是安全生产监督检查科学决策的重要依据，是体现安全生产行政执法统计监督作用的主要手段，有利于促进安全生产行政执法统计工作自身的发展。

218. 安全生产行政执法统计指标体系（Administrative Law Enforcement of Work Safety Statistical Index System）

安全生产行政执法统计指标体系，是指由一系列有内在联系并相互补充的安全生产行政执法统计指标，按一定的目的、意义系统地结合在一起，用以说明安全生产监督监察执法总体数量特征所组成的统计指标体系。

安全生产行政执法统计指标体系建立在安全生产监督监察执法活动基础上，通过现场监督检查、事故隐患与重大危险源监督监察、行政处罚、事故查处等一系列统计指标的联系，全面、系统地反映安全生产行政执法行为的内在联系、数量关系、总体特征和发展规律，是安全生产监督监察执法活动数量联系的反映。

219. 安全生产行政执法文书（Administrative Law Enforcement Documents of Work Safety）

安全生产行政执法文书，是指负有安全生产监督管理职责的部门按照法定的执法程序和执法内容，在行政执法过程中根据有关法律、法规、规章的规定和实体问题所制作、发布的反映行政执法活动过程和每个环节内容并且具有法律效力意义的规范性文件。

220. 安全生产监察员（Work Safety Inspector）

安全生产监察员，简称安监员，是指持有"中华人民共和国安全生产监察员证"的国家工作人员。

安全生产监察员的职责包括：①宣传安全生产法律、法规和国家有关方针和政策；②监督检查生产经营单位执行安全生产法律、法规的情况；③在履行监督管理职责时，发现违法行为，有权制止或责令改正、责令限期改正、责令停产停业整顿、责令停产停业、责令停止建设；④对存在重大事故隐患、职业危害严重的用人单位，应及时提出整改意见，并向有关部门报告；⑤参加安全事故应急救援与事故调查处理；⑥安全生产监察员应当忠于职守、坚持原则、秉公执法；⑦法律、法规规定的其他职责。

221. 安全生产监管档案（Work Safety Supervision Archives）

安全生产监管档案，是指各级负有安全生产监督管理职责的部门在依法履行安全生产监督管理职责工作中直接形成的，具有保存价值的文字、图表、声像等不同形式和载体的历史记录。

安全生产监管档案主要由安全生产监管日常管理文件材料、执法检查材料、行政审批和备案材料以及事故调查处理文件材料组成。

222. 安全生产监管体制（Work Safety Supervision System）

安全生产监管体制，是指安全生产管理中各相关方（政府、企业、社会、员工等）的制约关系、权利和义务的划分、管理运行模式、体系、机制等的综合体现。目前我国的安全生产监管体制是：综合监管与行业监管相结合，国建监管与地方监管相结合，政府监督与其他监督相结合的格局。

223. 安全生产禁令（Work Safe Prohibition）

安全生产禁令，是指企业从安全生产条件、承包商管理、从业人员资格、事故报告等方面必须坚决禁止的行为，旨在进一步规范企业安全生产工作，遏制重特大生产安全事故。

企业严禁在安全生产条件不具备、隐患未排除、安全措施不到位的情况下组织生产，严禁使用不具备国家规定资质和安全生产保障能力的承包商和分包商，严禁超能力、超强度、超定员组织生产，严禁违章指挥、违章作业、违反劳动纪律，严禁违反程序擅自压缩工期、改变技术方案和工艺流程。

224. 安全生产领域失信行为（Discreditable Behavior in Work Safety Field）

安全生产领域失信行为包括10类：发生较大及以上生产安全责任事故，或1年内累计发生3起及以上造成人员死亡的一般生产安全责任事故的；未按规定取得安全生产许可，擅自开展生产经营建设活动的；发现重大生产安全事故隐患，或职业病危害严重超标，不及时整改，仍组织从业人员冒险作业的；采取隐蔽、欺骗或阻碍等方式逃避、对抗安全监管监察的；被责令停产停业整顿，仍然从事生产经营建设活动的；瞒报、谎报、迟报生产安全事故的；矿山、危险化学品、金属冶炼等高危行业建设项目安全设施未经验收合格即投入生产和使用的；矿山生产经营单位存在超层越界开采、以探代采行为的；发生事故后，故意破坏事故现场，伪造有关证据资料，妨碍、对抗事故调查，或主要负责人逃逸的；安全生产和职业健康技术服务机构出具虚假报告或证明，违规转让或出借资质的。

225. 安全生产领域失信行为联合惩戒对象（Joint Disciplinary Target for Dishonesty in Work Safety Field）

安全生产领域失信行为联合惩戒对象，是指在安全生产领域存在失信行为的生产经营单位及其法定代表人、主要负责人、分管安全的负责人、负有直接责任的有关人员等。

226. 安全生产领域失信行为联合惩戒制度（Discreditable Behavior Joint Punishment System in Work Safety Field）

安全生产领域失信行为联合惩戒制度，是指为督促生产经营单位严格履行安全生产主体责任、依法依规开展生产经营活动，对失信生产经营单位及其有关人员实施有效惩戒的制度。

227. 安全生产权力和责任清单（List of Work Safety Rights and Responsibilities）

安全生产权力和责任清单，是指各有关部门依法依规将行使的各项行政职权及其依据、行使主体、运行流程、对应的责任等，以清单形式明确列示出来，从而确定有关部门的权责内容，实现法无授权不可为、法定职责必须为，尽职照单免责、失职照单问责。

228. 安全生产违法行为信息库（Information Database of Illegal Behaviors in Work Safety）

安全生产违法行为信息库，是指如实记录生产经营单位的安全生产违法行为信息的数据库。

229. 安全生产委托执法（Work Safety Delegated Law Enforcement）

安全生产委托执法，是指上级人民政府负责安全生产监督管理职责的部门，依法将其行使的部分安全生产监督管理行政执法权委托给下级人民政府行使，由下级人民政府在委托范围内以委托机关的名义对外实施安全生产监督管理行政执法行为的活动。

230. 安全生产巡查（Work Safety Inspection）

安全生产巡查，是指国务院安全生产委员会定期或不定期派出安全生产巡查组，对各省级人民政府安全生产工作进行巡查［根据工作需要，可延伸巡查市（地）、县级人民政府和有关重点企业］。将巡查结果纳入对各地区安全生产工作绩效考核内容。

231. 安全生产源头治理（Source-Control System of Work Safety）

安全生产源头治理，是指通过严格准入条件，从源头管控安全生产风险，从而达到治理目的的安全管理体系。

安全生产源头治理体系措施包括：①严格规划准入；②严格规模准入；

③严格工艺设备和人员素质准入；④强力推动淘汰退出落后产能①。

232. 安全生产约谈（Work Safety Inquiry）

安全生产约谈，是指上级政府及其安全生产委员会和负有安全生产监督管理职责的部门，对未履行或未正确履行安全生产工作职责的下级党委和政府、行业主管部门、生产经营单位进行提醒、督促、警示等谈话。

国务院安全生产委员会安全生产约谈，是指国务院安全生产委员会主任、副主任及国务院安全生产委员会负有安全生产监督管理职责的成员单位负责人约见地方人民政府负责人，就安全生产有关问题进行提醒、告诫，督促整改的谈话。②

233. 安全生产执法程序（Work Safety Enforcement Procedure）

安全生产执法程序，是指负有安全生产监督管理职责的部门依照法律、行政法规和规章，在履行安全生产监督管理职权中，作出行政许可、行政处罚、行政强制等行政行为过程中应当遵循的行为规范。

234. 安全生产指标体系（Work Safety Index System）

安全生产指标体系，是落实安全生产责任制的重要内容，是指把安全生产纳入国家和地方、行业发展规划，做到有指标、有项目、有资金、有措施、有支撑体系。

在国家经济社会发展指标体系中，设置亿元国内生产总值生产安全事故死亡率、工矿商贸企业从业人员十万人生产安全事故死亡率，并与煤炭生产百万吨死亡率、道路交通万车死亡率一起纳入统计指标体系。各地分解落实，并从实际出发，明确更为具体完善的安全指标，进一步强化安全生产行政首长负责制。

---

① 国务院安委会办公室关于印发《标本兼治遏制重特大事故工作指南的通知》（安委办〔2016〕3号）。

② 国务院安全生产委员会关于印发《安全生产约谈实施办法（试行）》的通知（安委〔2018〕2号）。

235. 安全生产治理体系和治理能力现代化（Modernization of Work Safety Governance System and Capacity）

安全生产治理体系和治理能力现代化，是指准确把握新时代对安全生产工作的新要求，从治标为主向标本兼治、重在治本转变，从事后调查处理向事前预防、源头治理转变，从行政手段为主向依法治理转变，从单一安全监管向综合治理转变，从传统监管方式向运用信息化、数字化、智能化等现代方式转变，以适应现代经济社会发展的安全生产体系和能力。

236. 安全生产咨询服务机构（Work Safety Consulting Service Organization）

安全生产咨询服务机构，是指依法设立的为安全生产提供技术、管理服务的机构。其依照法律、行政法规和执业准则，接受生产经营单位的委托为其安全生产工作提供技术、管理服务。承担安全评价、认证、检测、检验的机构应当具备国家规定的资质条件，并对其作出的安全评价、认证、检测、检验的结果负责。

237. 安全评价机构（Safety Assessment Organization）

安全评价机构，是指依法取得安全评价相应资质，按照资质证书规定的业务范围开展安全评价活动的独立法人单位。

238. 安全生产检测检验机构（Work Safety Testing and Inspecting Organization）

安全生产检测检验机构，是指依法取得安全生产检测检验资质，并在批准的业务范围内独立开展检测检验活动的独立法人单位。

239. 安全生产主体责任（Subject Responsibility of Work Safety）

安全生产主体责任，是指国家有关安全生产的法律、规章要求生产经营单位在安全生产保障方面应当执行的有关规定、应当履行的工作职责、应当具备的安全生产条件、应当执行的行业标准、应当承担的法律责任等。

240. 安全生产专项整治（Special Rectification of Work Safety）

安全生产专项整治，又称安全生产专项治理、安全生产专项行动、安全生产集中治理，是指相关部门依据法律、规章的规定，对某类突出安全生产问题，在一定时期内集中人员、集中精力针对特定内容和对象开展集中打击或整治，应对该领域安全生产问题突出、事故多发的局面，继而建立该项工作安全管理的长效机制，实现安全生产形式持续稳定。

241. 安全生产综合监督管理（Comprehensive Supervision and Management of Work Safety）

安全生产综合监管，是指负有安全生产监督管理职责的部门负责安全生产法规标准和政策规划制定修订、执法监督、事故调查处理、应急救援管理、统计分析、宣传教育培训等综合性工作，承担职责范围内行业领域安全生产监管执法职责；负有安全生产监督管理职责的部门承担本级安全生产委员会日常工作，负责指导协调、监督检查、巡查考核本级政府有关部门和下级政府安全生产工作。

按照管行业必须管安全、管业务必须管安全、管生产经营必须管安全和谁主管谁负责的原则，负有安全生产监督管理职责的有关部门依法依规履行相关行业领域安全生产监管职责，强化监管执法，严厉查处违法违规行为；其他行业领域主管部门负有安全生产管理责任，从行业规划、产业政策、法规标准、行政许可等方面将安全生产工作纳入行业领域管理内容，指导督促企事业单位加强安全管理。

242. 查封扣押权（Seizure Right）

查封扣押权，是指安全生产监察员在监督检查过程中，对不符合保障安全生产的国家标准或者行业标准的设施、设备、器材予以查封或者扣押，并应当在十五日内依法作出处理决定的权力。

243. 产品安全认证（Product Certification for Safety）

产品安全认证，是指有关机构根据标准化规范和安全生产法规，对特定产品（如特种设备、安全防护用品、安全防护装置等）进行的产品质量认证，如 3C、CE、EMC 等。

244. 当场处理权（On-Site Disposal Right）

当场处理权，是指安全生产监察员依法对检查中发现的安全生产违法行为当场予以纠正或者要求限期改正的权力；对依法应当给予行政处罚的行为，依照《中华人民共和国安全生产法》和其他有关法律、行政法规的规定作出行政处罚决定的权力。

245. 紧急处置权（Emergency Disposal Right）

紧急处置权，是指安全生产监察员对检查中发现的事故隐患责令立即排除的权力；重大事故隐患排除前或者排除过程中无法保证安全的，责令从危险区域内撤出作业人员，责令暂时停产停业或者停止使用的权力；重大事故隐患排除后，经审查同意，方可恢复生产经营和使用的权力。

246. 现场检查权（On-Site Inspection Right）

现场检查权，是指安全生产监察员依法对生产经营单位生产状况、从业人员、生产过程进行现场检查的权力，包括有权向被检查单位调阅资料，向有关人员（负责人、管理人员、技术人员）了解情况等，被检查生产经营单位不得拒绝。

247. 基层安全生产网格化监管（Grid Supervision of Grass-roots Work Safety）

基层安全生产网格化监管，是指将乡镇（街道）及以下的安全生产监管区域划分为若干网格单元，既厘清单元内每个监督管理对象及有关安全生产监管职责的部门，又明确单元内每个监管对象对应的安全生产网格管理员，通过加强信息化管理，实现负有安全生产监督管理职责的部门与网格管理员的互联互通、互为补充、有机结合。

248. 企业安全生产责任体系"五落实五到位"（"Five Implementation, Five in Place" of Work Safety of Responsibility System for Enterprise）

五落实，是指必须落实"党政同责"要求，董事长、党组织书记、总经理对本企业安全生产工作共同承担领导责任；必须落实安全生产"一岗双责"，所有领导班子成员对分管范围内安全生产工作承担相应职责；必须落实安全生产组织领导机构，成立安全生产委员会，由董事长或总经理担任主任；必须落实安全管理力量，依法设置安全生产管理机构，配齐配强注册安全工程师等专业安全管理人员；必须落实安全生产报告制度，定期向董事会、业绩考核部门报告安全生产情况，并向社会公示。

五到位，是指必须做到安全责任到位、安全投入到位、安全培训到位、安全管理到位、应急救援到位。

249. 事故隐患排查治理闭环管理（Closed-Loop Management of Investigation and Treatment for Accident and Potential Hazard）

事故隐患排查治理闭环管理，是指依靠政府部门事故隐患排查治理网络管理平台与企业自查、自改、自报事故隐患的排查治理信息系统，实现隐患排查、登记、评估、报告、监控、治理、销账的全过程记录和闭环管理。

250. 责令立即整改（Mandatory Rectifying and Reforming Immediately）

责令立即整改，是指当违法行为可能会危及社会公共利益或造成其他危险时，便责令违法行为人立即进行整顿的行为。

251. 责令限期整改（Charge Rectifying and Reforming within a Definite Time）

责令限期整改，是指当违法行为的整改需要一定时间时，规定违法行为人在一定限期内进行整改的行为。

252. 整改指令书（Rectification Instruction）

整改指令书，是指由负有安全生产监督管理职责的部门对被检查单位进行安全检查，对存在的安全问题和安全隐患以书面形式下发整改单位，并要求其依次改正的一种公文。

253. 三级安全教育（Three-tiered Safety Education）

三级安全教育，是指生产经营单位对新入职员工进行的厂级安全教育、车间级安全教育和岗位（工段、班组）安全教育，其是生产经营单位安全生产教育制度的基本形式。

三级安全教育制度是企业安全教育的基本教育制度。企业必须对新工人进行安全生产的入厂教育、车间教育、班组教育；对调换新工种，复工，采取新技术、新工艺、新设备、新材料的工人，必须进行新岗位、新操作方法的安全卫生教育。受教育者经考试合格后，方可上岗操作。

254. "安全生产万里行"活动（Long March Activity of Work Safety）

"安全生产万里行"活动，是指国务院安全生产委员会与应急管理部组织开展的全国范围内的安全宣传教育活动。

255. 安全生产月（Work Safety Month）

安全生产月，是指经国务院批准，由当时的国家经委、国家建委、国防工办、国务院财贸小组、国家农委、公安部、卫生部、国家劳动总局、全国总工会和中央广播事业局等十个部门共同作出决定，于1980年6月在全国开展安全生产月，并确定每年6月都开展安全生产月，使之经常化、制度化。

256.《安全生产法》宣传周（Publicity Week for *the Law of Work Safety*）

《安全生产法》宣传周，是指按照《国务院安全生产委员会2017年安全生产宣传教育工作要点》要求，从2017年起，将每年12月的第一周（12月1—7日）作为《安全生产法》宣传周，集中开展宣传活动。

第四章 应急救援术语

257. 消防救援队伍"四句话方针"("Four Principles" of Fire and Rescue Team）

消防救援队伍"四句话方针",是指对党忠诚、纪律严明、赴汤蹈火、竭诚为民。

习近平总书记为国家综合性消防救援队伍授旗并致训词时强调,组建国家综合性消防救援队伍,是党中央适应国家治理体系和治理能力现代化作出的战略决策,是立足我国国情和灾害事故特点、构建新时代国家应急救援体系的重要举措,对提高防灾减灾救灾能力、维护社会公共安全、保护人民生命财产安全具有重大意义。国家消防救援队伍要对党忠诚、纪律严明、赴汤蹈火、竭诚为民,在人民群众最需要的时候冲锋在前,救民于水火,助民于危难,给人民以力量,为维护人民群众生命财产安全而英勇奋斗。

258. 消防工作方针（Fire Protection Policy）

消防工作方针,是指《中华人民共和国消防法》规定的"预防为主、防消结合"的方针。

259. 突发事件应对工作原则（Principles of Emergency Response）

突发事件应对工作原则,是指《中华人民共和国突发事件应对法》规定的"突发事件应对工作实行预防为主、预防与应急相结合"的原则。

260. 应急管理体系和能力现代化（Modernization of Emergency Management System and Capacity）

应急管理体系和能力现代化，是国家治理体系和治理能力的重要组成部分，指运用法治思维和法治方式推动应急管理法治化、规范化，依靠科技推动应急管理的科学化、专业化、智能化、精细化，构建与经济社会发展相适应的应急管理体系和能力。

261. 应急管理体制（Emergency Management System）

应急管理体制，是指为保障公共安全，有效预防和应对突发事件，避免、减少和减缓突发事件造成的危害，消除其对社会产生的负面影响而建立起来的以政府为核心、其他社会组织和公众共同参与的有机体制。

中国特色应急管理体制，是指统一指挥、专常兼备、反应灵敏、上下联动、平战结合的应急管理体制。

262. 应急管理机制（Emergency Management Mechanism）

应急管理机制，是指行政管理组织体系在突发事件过程中有效运转的机理和制度。其是在突发事件的预防与应急准备、监测与预警、处置与救援、事后恢复与重建等应急实践中形成的规律性模式。

263. 应急响应协调机制（Emergency Response Coordination Mechanism）

应急响应协调机制，是指应急管理过程中在政府的引导下，有效地组织政府内部各部门之间、政府与社会组织之间的沟通与互补，通过良好的沟通与有效的信息交流，协调处理突发事件的规律性运作模式。

264. 应急响应机制（Emergency Response Mechanism）

应急响应机制，是指由政府推出的针对各种突发事件/事故而设立的各种应急方案，通过该方案使人员伤亡降至最少、财产损失减到最小。应急响应机制强度分为四级，由一级至四级依次减弱。

265. 应急管理体系（Emergency Response Management System）

应急管理体系，是指应对突发事件或紧急事务的行政职能及其载体系统，是政府应急管理的职能与机制之和。

一个完整的应急管理体系由组织体系、运行机制、法治基础和应急保障系统构成。应急体系是从突发事件应对能力规划建设的角度，对应急管理全过程所需要的各种应急能力要素进行分类和综合的一个框架体系。

266. 消防安全网格（Fire Safety Grid）

消防安全网格，是指按照属地管理原则，在城市街道办事处以社区为单元，在乡镇人民政府以村屯为单元，划分若干消防安全管理网格，对网格内的单位、场所、居（村）民楼院、村组实施动态管理，构建"全覆盖、无盲区"的消防管理网络。

267. 应急管理科技创新体系（Science and Technology Innovation System of Emergency Management）

应急管理科技创新体系，是指按照"需求导向、面向实战，前瞻部署，创新驱动，补齐短板、自主创新，开放合作、协同创新"的基本原则，充分发挥创新作为引领发展第一动力的作用，实施一批重大科技项目，加快突破核心关键技术，全面提升应急管理事业发展科技含量，提高应急管理科技支撑能力的体系。

应急管理科技创新内容包括突破重大基础理论、攻克核心关键技术、研制先进装备设备、培育科技创新动能、优化科技创新基地、建强科技创新队伍和加强国际合作交流。

268. 应急指挥通信装备体系（Emergency Command and Communication Equipment System）

应急指挥通信装备体系，是指根据我国"统一指挥、专长兼备、反应灵敏、上下联动、平战结合"的特色应急管理体制要求，建立空天地一体、公专融合、全程贯通、韧性抗逆的应急指挥通信网络体系。

指挥通信体系在应急救援中承担着及时、准确地传递现场实时信息"急先锋"角色，是决策者指挥抢险救援的中枢神经。

应急指挥通信体系由通信节点、链路、数据及资源等要求构成，具备应急通信、指挥调度、视频会商、辅助决策等功能，能够满足突发事件应急救援工作需要，实现应急救援扁平化和指挥作战一体化的目标。

269. 应急物资保障体系（Emergency Supplies Security System）

应急物资保障体系，是指按照集中管理、统一调拨、平时服务、灾时应急、采储结合、节约高效的原则，建立的涉及应急物资生产、储备、采购供应、管理与调配的综合体系，旨在推动应急物资供应保障网更加高效安全可控。

270. 应急装备（Emergency Equipment）

应急装备，是指用于应急管理与应急救援的工具、器材、个体防护装备、技术力量等。

应急装备按照具体功能可分为预测预警装备、个体防护装备、通信与信息装备、灭火抢险装备、医疗救护装备、交通运输装备、工程救援装备等；按照适用性可分为通用性应急装备（个体防护、通信等）、专业性应急装备（危险品泄露控制装备、电力抢险装备）。

271. 应急资源（Emergency Resources）

应急资源，是指为有序开展应急活动，保障应急体系正常运行所需要的人力、物力、资金、设施、信息和技术等各类资源的总和。主要包含以下几个方面：①人力资源保障，包括专职应急管理人员、应急专家、专职应急队伍和辅助应急人员、社会应急组织等；②资金保障资源，包括政府专项应急资金、捐献资金和商业保险基金；③物资保障资源，包括防护救助、交通运输、食品供应、生活用品、医疗卫生、动力照明、通信广播、工具设备、工程材料等；④设施保障资源，包括避难设施、交通设施、医疗设施、专用工程机械等；

⑤信息保障资源，包括时态信息、环境信息、资源信息、应急知识等；⑥技术保障资源，包括技术开发、应用建设、技术维护、专家队伍等。

272. 应急物资储备（Emergency Supplies Reserve）

应急物资储备，是指对在突发事件/事故应急救援和处置过程中所用的各类物资进行储备和管理的过程，包括实物储备、商业储备、生产能力储备等形式。

应急物资储备体系包括应急物资的监管、生产、储备、调拨和紧急配送体系。

273. 应急能力（Emergency Capability）

应急能力，是指政府、社会和企业应急管理体系中所有要素和应急行为主体有机组合后具备的总体能力，包括机构、人员、队伍、物资、装备等满足应急救援需要的能力。

应急能力主要表现为应急工作的协调、整合能力。

生产安全事故应急能力是指履行应急管理职责、执行应急救援任务、实现应急管理目标等应急管理活动必须具备的能力。

274. 应急能力评估（Emergency Capability Evaluation）

应急能力评估，是指对某一地区、部门或者单位以及其他组织应对可能发生突发事件/事故的综合处置能力的评估。评估内容包括预测与预警能力、社会控制效能、行为反应能力、工程防御能力、灾害救援能力和资源保障能力等。

275. 应急平台（Emergency Response Platform）

应急平台，是指以现代信息通信技术为支撑，软、硬件相结合的突发事件/事故应急保障技术系统。其具备日常管理、风险分析、监测预警、动态决策、综合协调、应急联动与总结评估等多方面功能，是实施应急预案、实现应急指挥决策的载体。

276. 突发事件（Emergency）

突发事件，是指突然发生，造成或者可能造成严重社会危害，需要采取应急处置措施予以应对的自然灾害、事故灾难、公共卫生事件和社会安全事件。

突发事件具有以下基本特征：

（1）突发性。事件发生的真实时间、地点、危害难以预料，往往超乎人们的心理惯性和社会的常态秩序。

（2）危害性。事件给人民的生命财产或者给国家、社会带来严重危害。

（3）紧迫性。事件发展迅速，需要采取非常态措施、非程序化作出决定，才有可能避免局势恶化。

（4）不确定性。事件的发展和可能的影响往往根据既有经验和措施难以判断、掌控，处理不当就可能导致事态迅速扩大。

277. 应急预案（Emergency Plan）

应急预案，是指针对可能发生的重大灾害或事件/事故，为保证快速、有序、有效的开展应急与救援行动、降低灾害事故损失而预先制定的有关计划或方案。应急预案主要有总体应急预案、专项应急预案和现场处置方案。

应急预案是各级人民政府及其部门、基层组织、企事业单位、社会团体等为依法、迅速、科学、有序应对突发事件，最大程度减少突发事件及其造成的损害而预先制定的工作方案。

应急预案应形成体系，针对各级各类可能发生的事件/事故和所有危险源制定专项应急预案和现场处置方案，并明确事前、事发、事中、事后的各个过程中相关部门和有关人员的职责。

企业应按规定制定生产安全事故应急预案，并针对重点作业岗位制定应急处置方案或措施，形成安全生产应急预案体系。应急预案应根据有关规定报当地主管部门备案，并通报有关应急协作单位。应急预案应定期评审，并根据评审结果或实际情况的变化进行修订和完善。

278. 总体应急预案（General Emergency Plan）

总体应急预案，是指国家或者某个地区、部门、单位为应对所有可能发生的突发事件/事故而制定的综合性应急预案。

279. 专项应急预案（Special Emergency Plan）

专项应急预案，是指国务院或地方政府的有关部门、单位根据其职责分工为应对某类具有重大影响的突发事件/事故而制定的应急预案。专项应急预案通常作为总体应急预案的组成部分。

280. 现场处置方案（On-Site Disposition Program）

现场处置方案，是针对具体的装置、场所或设施、岗位所制定的应急处置方案。

现场处置方案应具体、简单、针对性强，应当包括危险性分析、可能发生的事故特征、应急处置程序、应急处置要点和注意事项等内容；应根据风险评估及危险性控制措施逐一编制，做到相关人员应知应会、熟练掌握，并通过应急演练，做到迅速反应、正确处置。

281. 应急预案编制（Formulation of Emergency Plan）

应急预案编制，是指政府、生产经营单位或其他机构组织为保证及时有序地开展应急与救援行动而预先准备应急方案的活动。其包括编制准备（成立编制小组、制定编制计划、收集资料、危险辨识与风险评价、应急资源与能力评估等）、编写预案、预案评审与发布（同时要进行备案）。

282. 应急预案评审（Review of Emergency Plan）

应急预案评审，是指为实现应急预案的动态化和科学规范管理，政府、生产经营单位或其他机构组织分析、评价预案内容的针对性、实用性和可操作性的过程。《生产经营单位生产安全事故应急预案评审指南》（AQ/T 9011）对应急预案评审作出了具体规定，各类应急预案评审工作可借鉴之。

283. 应急预案定期评估（Periodic Evaluation of Emergency Plan）

应急预案定期评估，是指应急预案编制单位应当对预案内容的针对性和实用性进行分析，并对应急预案是否需要修订作出结论。

284. 应急操作手册（Emergency Operation Manual）

应急操作手册，是指为便于应急响应人员掌握和快速查阅有关职责、程序、规程、通信方式以及人力资源等关键内容而编写的简明文本。

285. 应急响应程序（Emergency Response Procedures）

应急响应程序，是指突发事件/事故应急响应的标准操作步骤。其以统一的格式描述出来，用来指导和规范应急响应工作。

286. 应急演练（Emergency Drilling）

应急演练，是指各级政府及其部门、企事业单位、社会团体等组织相关单位及人员，依据有关应急预案，模拟应对突发事件/事故的活动。

应急演练按演练组织形式可分为桌面演练和实战演练：桌面演练是指参演人员利用地图、沙盘、流程图、计算机模拟、视频会议等辅助手段，针对事先假定的演练情景，讨论和推演应急决策及现场处置的过程，促进相关人员掌握应急预案中所规定的职责和程序，提高指挥决策和协同配合能力；实战演练是指参演人员利用应急处置涉及的设备和物资，针对事先设置的突发事件/事故情景及其后续的发展情景，通过实际决策、行动和操作，完成真实应急响应的过程，检验和提高相关人员的临场组织指挥、队伍调动、应急处置技能和后勤保障等应急能力。按演练内容可分为专项演练和综合演练：专项演练是指只涉及应急预案中特定应急响应功能或现场处置方案中一系列应急响应功能的演练活动；综合演练是指涉及应急预案中多项或全部应急响应功能的演练活动。按目的与作用划分，可分为检验性演练、示范性演练和研究性演练：检验性演练是指为检验应急预案的可行性、应急准备的充分性、应急机制的协调性及相关人员的应急处置能力而组织的演练；示范性演练是指为向观摩人员展示应急能力或提供示范教学，严格按照应急预案规定开展的表演性演练；研究性演练是指为研究和解决突发事件应急处置的重点、难点问题，试验新方案、新技术、新装备而组织的演练。

287. 先期处置（First-time Disposal）

先期处置，是指突发事件发生后在事发地第一时间所采取的紧急措施。

288. 应急指挥（Emergency Command）

应急指挥，是指在突发事件/事故应急处置活动中，上级领导及其机关对所属下级的应急活动和应对突发事件/事故进行的特殊组织领导活动。

应急指挥最重要的是在紧急情况下，运用正确的指挥而充分发挥有限的应急力量控制事态发展，体现出应急指挥在突发情况下减少损失、保护人员生命和财产安全的作用。

289. 专项应急指挥部（Special Emergency Headquarters）

专项应急指挥部，是指依据法律、法规规定和应急处置工作需要，经政府同意设立，对有关专项突发事件/事故实行统一指挥协调的各专项应急指挥部、领导小组、委员会等机构。

290. 应急状态（Emergency Status）

应急状态，是指为应对已经发生或者可能发生的突发事件/事故，在某个地区或者全国范围内，政府组织社会各方力量在一段时间内依据有关法律法规和应急预案采取紧急措施所呈现的状态。

291. 应急准备（Emergency Preparedness）

应急准备，是指针对可能发生的突发事件/事故，为迅速、科学、有序地开展应急行动而预先进行的思想准备、组织准备、技术准备和物资准备等。

当某类突发事件/事故在某个地区或者某一领域频发，或者依靠预测发现事件/事故危害不可避免时，管理者应做好应急准备工作。

292. 应急联动（Emergency Response）

应急联动，是指将公安、交通、通信、急救、电力、水利、地震、人民防空、市政管理等与应急管理相关的政府部门，纳入一个统一的指挥调度系统，以快速处理各类突发事件和向公众提供社会紧急救助服务，实现跨区域、跨部门、跨警种之间的统一指挥，快速反应、统一应急、联合行动。

293. 应急处置（Emergency Disposal）

应急处置，是指突发事件/事故发生后，生产经营单位或应急救援力量等应急处置主体，为尽快控制和减缓突发事件/事故造成的危害和影响，防止事态扩大，防范引发次生、衍生事件/事故，最大限度保护人民的生命和财产安全，依据国家法律、规章、操作规程和有关预案所采取的行动和措施。

294. 应急救援（Emergency Rescue）

应急救援，是指在应急响应过程中，政府及其部门、生产经营单位或社会力量等为最大限度地降低事故造成的损失或危害，保护人民的生命健康和财产安全，防止事故扩大而采取的紧急措施或行动。

根据紧急事件的不同类型，分为卫生应急、交通应急、消防应急、地震应急、厂矿应急、家庭应急等领域的应急救援。

295. 应急协调（Emergency Coordination）

应急协调，是指突发事件/事故下政府对应急救援资源、救援资源需求、应急保障需求、应急救援力量部署、应急救援资源调拨的整体全面协调。

296. 提级响应（Upgrade Emergency Management）

提级响应，是指突发事件/事故危害、影响程度、范围有扩大趋势时，为有效控制突发公共事件/事故发展态势，应急委员会等机构或者单位通过采取进一步有力措施、请求支援等方式，尽快使受影响地域/领域恢复到正常状态的各种应急处置程序、措施的总称。

297. 应急保障（Emergency Support）

应急保障，是指为保障应急处置或救援的顺利进行而采取的各项保证措施。

应急保障按功能分为人力、财力、物资、交通运输、医疗卫生、治安维护、人员防护、通信与信息、公共设施、社会沟通、技术支撑以及其他保障等。

298. 后期处置（Post Disposal）

后期处置，是指突发事件的危害和影响得到基本控制后，为使生产、生活、工作、社会秩序和生态环境恢复正常状态所采取的一系列行动。

299. 应急终止（Emergency Termination）

应急终止，是指在应急响应过程中，经应急指挥部确认，保护措施得到有效实施，相关人员和事件/事故得到控制和处置，可以恢复正常状态。

应急终止的满足条件包括：①事件现场得到控制，事件条件已经清除；②事件现场的各种专业应急处置行动已无继续的必要；③采取了必要的措施以保护公众免受再次危害，并使条件可能引起的中长期影响趋于合理且尽量低的水平。

300. 安全疏散设施（Safety Evacuation Facilities）

安全疏散设施，包括安全出口、疏散楼梯、疏散走道、消防电梯、防排烟设施、应急广播、应急照明和安全指示标志等。

301. 安全疏散距离（Safety Evacuation Distance）

安全疏散距离，是指建筑物内最远处到外部出口或楼梯最大允许距离。

第五章　事故调查处理术语

302. 生产安全事故责任追究制（Accountability System in Work Safety Accident）

生产安全事故责任追究制，是指主管机关依法追究事故责任人员（包括发生生产安全事故的生产经营单位的责任人员、负有监管职责的有关人民政府及其有关部门的责任人员、与事故有关的其他组织的责任人员）的法律责任的制度。

303. 事故调查处理原则（Investigation and Punishment/Penalty Principle of Accidents）

事故调查处理原则，是指科学严谨、依法依规、实事求是、注重实效的原则，及时、准确地查清事故原因，查明事故性质和责任，总结事故教训，提出整改措施，并对事故责任者提出处理意见。事故调查四不放过原则是：事故原因未调查清楚不放过，责任人员未处理不放过，整改措施未落实不放过，有关人员未受到教育不放过。

304. 生产安全事故（Work Safety Accident）

生产安全事故，是指生产经营活动中发生的安全事故，即生产经营单位在生产经营活动（包括与生产经营有关的活动）中突然发生的，伤害人身安全和健康，或者损坏设备设施，或者造成经济损失的，导致原生产经营活动（包括与生产经营活动有关的活动）暂时中止或永远终止的意外情况。

305. 次生事故（Secondary Accident）

次生事故，是指由原事故诱导出来的事故。

306. 衍生事故（Derivative Accident）

衍生事故，是指由于人们缺乏对原事故的了解，或受某些社会因素和心理影响等，造成的盲目避灾损失，以及人心浮动等系列社会问题引起的事故。

307. 耦合事件（Coupled Incidents）

耦合事件，是指在同一地区、同一时段内发生的两个以上相互关联的突发事件。

耦合性为两个或两个以上事件、模块间相互依赖程度的一种度量。

308. 起因物（Substances or Objects Causing Accident Occurrence）

起因物，是指导致事故发生的物体、物质或场所。

309. 致害物（Substances or Objects Causing Injury）

致害物，是直接引起人体伤害的物体、物质。致害物是与人体直接接触或人体暴露于其中而造成伤害的物体或物质。

310. 轻伤（Slight Injury）

轻伤，指使人肢体或者容貌损害，听觉、视觉或者其他器官功能部分障碍，或者其他对于人身健康有中度伤害的损伤，包括轻伤一级和轻伤二级。

轻伤也指损失工作日低于105日的失能伤害。

311. 重伤（Severe Injury）

重伤，是指由各种原因使人肢体残废或者毁人容貌，使人丧失听觉、视觉或者其他器官功能，以及其他对于人身健康有重大伤害的损伤。

重伤也指损失工作日等于和超过105日的失能伤害。

312. 死亡事故（Fatal Accident）

死亡事故，是指一次死亡一人以上的事故。对于先伤后死（在一个月内死亡）的，按死亡事故统计报告，超过一个月的，不再追改统计报告。

313. 失能伤害（Disability Damage）

失能伤害，是指由于意外伤害或疾病导致的身体或精神上的损失，导致的生活或社交能力的丧失。

314. 生产安全事故调查处理（Investigation and Punishment of Work Safety Accident）

生产安全事故调查处理，是指为了规范生产安全事故的报告和调查处理，落实生产安全事故责任追究制度，防止和减少生产安全事故，由相应政府批准有关部门组成事故调查组，依法对事故发生的原因展开调查，并依据事故单位和个人的职责，按照相关法律法规对相关责任单位及责任人提出处理意见的一种执法行为。

特别重大事故由国务院或者国务院授权的有关部门组织事故调查组进行调查。重大事故、较大事故、一般事故分别由事故发生地省级人民政府、设区的市级人民政府、县级人民政府负责调查。省级人民政府、设区的市级人民政府、县级人民政府可以直接组织事故调查组进行调查，也可以授权或者委托有关部门组织事故调查组进行调查。未造成人员伤亡的一般事故，县级人民政府也可以委托事故发生单位组织事故调查组进行调查。

315. 事故等级（Accidents Level）

事故等级，是指根据生产安全事故造成的人员伤亡或者直接经济损失将事故进行分级，分为特别重大事故、重大事故、较大事故与一般事故四个等级。

特别重大事故，是指造成30人以上（含30人）死亡，或者100人以上（含100人）重伤（包括急性工业中毒，下同），或者1亿元以上（含1亿元）

直接经济损失的事故。

重大事故，是指造成 10 人以上（含 10 人）30 人以下死亡，或者 50 人以上（含 50 人）100 人以下重伤，或者 5000 万元以上（含 5000 万元）1 亿元以下直接经济损失的事故。

较大事故，是指造成 3 人以上（含 3 人）10 人以下死亡，或者 10 人以上（含 10 人）50 人以下重伤，或者 1000 万元以上（含 1000 万元）5000 万元以下直接经济损失的事故。

一般事故，是指造成 3 人以下死亡，或者 10 人以下重伤，或者 1000 万元以下直接经济损失的事故。

316. 事故统计（Accident Statistics）

事故统计，是指运用科学的统计方法，对事故资料和数据进行加工、整理和分析，从而揭示事故发生规律的过程。统计内容包括事故发生单位的基本情况、事故发生的起数、死亡人数、重伤人数、急性工业中毒人数、单位经济类型、事故类别、事故原因、直接经济损失等。

317. 事故统计指标（Accident Statistics Index）

事故统计指标，通常分为绝对指标和相对指标。

绝对指标，是指反映伤亡事故全面情况的绝对数值，如事故起数、死亡人数、重伤人数、轻伤人数、直接经济损失、损失工作日等。

相对指标，是指伤亡事故的两个相联系的绝对指标之比，表示事故的比例关系，如亿元 GDP 生产安全事故死亡率、煤矿百万吨死亡率等。

318. 事故分析（Accident Analysis）

事故分析，是指查明事故原因，分清事故责任，作出事故处理结论和制定事故防止对策所进行的综合性工作。

事故分析通常是在弄清事故发生经过、事故造成的损失和事故中人、物、环境、管理诸因素的状态之后进行的。事故分析的方法有综合分析法、个别案例技术分析法和系统安全分析法。

319. 事故损失（Accident Loss）

事故损失，是指意外事件造成的生命与健康的丧失、物质或财产的毁坏、时间的损失、环境的破坏等。按损失与事故的关系，可分为直接损失与间接损失两类。

320. 直接经济损失（Direct Economic Loss）

直接经济损失，简称直接损失，是指因事故造成人身伤亡及善后处理支出的费用和毁坏财产的价值。

事故直接经济损失，是指与事故当时的、直接相联系的、能用货币直接估价的损失。

直接经济损失统计范围包括：

（1）人身伤亡后所支出的费用：①医疗费用（含护理费用）；②丧葬及抚恤费用；③补助及救济费用；④歇工工资。

（2）伤害处理费用：①处理事故的事务性费用；②现场抢救费用；③清理现场费用；④事故罚款和赔偿费用。

（3）财产损失价值：①固定资产损失价值；②流动资产损失价值。

321. 间接经济损失（Indirect Economic Loss）

间接经济损失，是指因事故导致产值减少、资源破坏和受事故影响而造成的其他损失的价值。

事故间接经济损失，是指与事故间接相联系的、能用货币直接估价的损失，如事故导致的处理费用、赔偿费、罚款、劳动时间损失、停工或停产损失等事故非当时的间接经济损失。

间接经济损失统计范围：①停产、减产损失价值；②工作损失价值；③资源损失价值；④处理环境污染的费用；⑤补充新职工的培训费用；⑥其他损失费用。

322. 损失工作日（A Loss of Work Day）

损失工作日，是指被伤害者失能的工作时间。

323. 事故统计相对指标（Relative Indexes of Accident Statistics）

事故统计相对指标，包括亿元国内生产总值（GDP）生产安全事故死亡率、工矿商贸十万人死亡率、煤矿百万吨死亡率、道路交通万车死亡率。

（1）亿元国内生产总值（GDP）生产安全事故死亡率，是指在统计时段内，生产安全事故死亡人数与国内生产总值（以亿元为单位计）的比值。计算方式为

$$亿元国内生产总值（GDP）生产安全事故死亡率 = \frac{死亡人数}{国内生产总值（元）} \times 10^8$$

（2）工矿商贸十万人死亡率，是指在统计时段内，工矿商贸行业发生的生产安全事故死亡人数与从业人数（以十万为单位计）的比值。计算方式为

$$工矿商贸十万人死亡率 = \frac{死亡人数}{工矿商贸从业人数} \times 10^5$$

（3）煤矿百万吨死亡率，是指在统计时段内，煤矿行业发生的生产安全事故死亡人数与实际产量（以百万吨为单位计）的比值。计算方式为

$$煤矿百万吨死亡率 = \frac{死亡人数}{实际产量（t）} \times 10^6$$

（4）道路交通万车死亡率，是指在统计时段内，发生的道路交通安全事故死亡人数与机动车保有量（以万辆为单位计）的比值。计算方式为

$$道路交通万车死亡率 = \frac{交通事故造成的死亡人数}{机动车保有量} \times 10^4$$

324. 事故原因（Cause of Accident）

事故原因，是指导致事故发生的直接原因和间接原因。

直接原因通常分为人的原因和物的原因两类。人的原因是指由人的不安全行为所引起；物的原因指物的不安全状态，如防护、保险、信号等装置缺乏或有缺陷，设备设计不合理，材料强度不够，作业场所狭窄，作业场地杂乱，照

明光线不良、通风不良、环境温度、湿度不当、设备超负荷运转等。

间接原因有以下几种：①技术和设计上有缺陷，包括工业构件、建筑物、机械设备、仪器仪表、工艺过程、操作方法、维修检验等的设计、施工和材料使用中存在的缺陷；②教育培训不够，表现在劳动者的安全知识和经验不足，对作业过程中的危险性及其安全运行方法无知、轻视、不理解、训练不足等；③身体的原因，包括身体有缺陷，如眩晕、头疼、癫痫病、高血压等疾病，近视、耳聋等残疾，身体过度疲劳，酒醉等；④精神的原因，包括怠慢、反抗、不满等不良态度，烦躁、紧张、恐怖、心不在焉等精神状态，偏狭、固执等性格缺陷等；⑤劳动组织不合理，管理上有缺陷，包括企业主要领导人对安全的责任心不强，作业标准不明确，缺乏检查保养制度，人事配备不完善，对现场工作缺乏检查或指导错误，没有健全的安全操作规程，没有或不认真实施事故防范措施等；⑥学校教育的原因，如各级教育组织中的安全教育不完全，不彻底等；⑦社会和历史原因，如有关的安全法规或行政机构不完善，社会思想不开化，人们对安全的认识不够，产业发展的历史过程等。

325. 事故责任主体（Subject of Accident Liability）

事故责任主体，即事故责任者，是指未履行法定义务，实施了相关违法行为，对事故发生和事故报告、救援、调查处理承担责任并应受法律制裁的社会组织和个人。

事故责任主体主要有四种：事故发生单位，事故发生单位有关人员，有关政府、部门工作人员，中介机构及其相关人员。

326. 责任事故（Liability Accident）

责任事故，是指在生产、作业中违反有关安全管理的规定，因人为原因（措施不到位、操作失误等）而导致发生的事故。

327. 非责任事故（Non-liability Accident）

非责任事故，是指在不可控力作用下、不能预知情况下（如地震等）发生的事故。

328. 事故调查报告（Accident Investigation Report）

事故调查报告，是指事故调查组在事故发生之日起 60 日内需要提交的事故调查总结性报告。自事故发生之日起 30 日内，事故造成的伤亡人数发生变化的，事故调查报告应当及时补报；道路交通事故、火灾事故自发生之日 7 天起，事故造成的伤亡人数发生变化的，事故调查报告应当及时补报。

事故调查报告内容包括：事故发生单位概况；事故发生经过和事故救援情况；事故造成的人员伤亡和直接经济损失；事故发生的原因和事故性质；事故责任的认定以及对事故责任者的处理建议；事故防范和整改措施。事故调查报告应当附具有关证据材料，事故调查组成员应当在事故调查报告上签名。

第六章 学科体系术语

329. 安全哲学（Safety Philosophy）

安全哲学，是人们对安全活动的认识论和方法论。主要功能是反映、反思安全与人的关系。其是理论化、系统化的安全观，是处理安全与人关系的准则。

330. 安全史学（Safety History）

安全史学，是指研究安全发展历史，借助史料研究人的安全生产活动、使用的工具以及所处环境之间的关系，分析人类认识、掌握和避免事故的过程，总结安全活动发展规律的一门科学。

安全史学研究的是安全史学家挖掘、整理安全科学技术史料，以语言形式在思想中重现安全科学发展的可观历史进程，进而发现安全科学发展规律的过程。主要研究方法有归纳方法、比较方法、综合方法等。

安全史学可分为安全哲学史、安全科学学史、灾害学史、安全学史、安全社会学史、安全法学史、安全经济学史、安全管理学史、安全教育学史、安全伦理学史、安全文化学史、安全人机学史、安全工程技术学史、部门安全科学史等分支。安全史学研究要遵循求实性原则、历史主义原则和整体性原则。

331. 灾害学（Catastrophology）

灾害学，是认识灾害特征、探索灾害规律、探求灾害管理的方法、降低灾害损失的一门科学。

332. 安全社会学（Safety Sociology）

安全社会学，是将安全问题与社会学知识结合，把安全看作一种社会过程，研究安全问题的社会原因、社会过程、社会效应及其本质规律的学科。

安全社会学研究视角包括安全行动、安全理性、安全结构和安全系统。

安全社会学的社会学理论依据有哈贝马斯沟通行动论和系统－生活世界理论、吉登斯和贝克的风险社会理论、越轨社会学、社会冲突论、集合行为理论、女性主义和社会性别学等。

333. 安全法学（Safety Jurisprudence）

安全法学，又称安全生产法学，是一门研究与安全生产相关的法律法规标准的起源、现状与发展规律的科学。

安全法学研究对象包括：安全法学的基本原理；安全法学的产生、变化、发展；安全生产法律法规及其相关规范的立法、执法实施；安全法律法规的基本范畴；安全生产法律法规和其他社会现象的关系等。

安全法学的研究范围涵盖安全法学的一般原理、基本范畴、安全生产法律法规与其他社会现象的关系和安全生产法律法规的制定与实施。

334. 安全经济学（Safety Economy）

安全经济学，是研究安全的经济形式（投入、产出、效益）和条件，通过对安全活动的合理规划、组织、协调和控制实施，实现安全性与经济性的高度统一协调、合理，达到人、技术、环境、社会最佳安全综合效益的科学。

335. 安全管理学（Safety Management）

安全管理学，是研究安全管理活动规律的一门科学。其运用现代管理科学的理论、原理和方法，探讨、揭示安全管理活动的规律，为安全生产法制建设、安全管理体制和规章制度的建立提供指导与帮助，以达到提高管理效益、防止事故发生、实现安全生产的目的。

336. 安全人机工程学（Safety Ergonomics）

安全人机工程学，是指从安全的角度出发，以安全科学、系统科学与行为科学为基础，运用安全原理以及系统工程的方法，研究在人、机、环境系统中人与机以及人与环境间的相互关系，以保证人的安全的一门学科。

337. 安全系统工程（Safety Systematic Engineering）

安全系统工程，是指采用系统工程的基本原理和方法，预先识别、分析系统存在的危险因素，评价并控制系统的风险，使系统安全性达到预期目标的工程技术。安全系统工程包括系统安全方法、系统安全评价、系统安全预测、系统决策和优化等。

338. 安全运筹学（Safety Operations Research）

安全运筹学，是以系统安全为着眼点，以实现系统最优化为目标，运用安全科学、系统科学、运筹学的原理和方法，对系统中的安全问题进行分析、计划和决策，从而采取最优化的方法，解决安全问题的一门科学。

339. 安全教育学（Safety Education）

安全教育学，是以安全科学和教育科学为理论基础，以保护人的身心安全健康为目的，对安全领域与教育和培训等活动有关的现象、规律进行研究的一门应用性交叉学科。

安全教育学原理主要指在研究安全教育基础理论、安全教育方法学、安全教育手段与模式等过程中获得的普适性基本规律。

安全教育学主要研究安全教育系统中教育者、教育受众、教育信息、教育媒体和教育环境之间的协同关系，着力探讨如何使安全教育符合教育主体的生理、心理、社会等特性，使教育要素间相互配合以达到高效、高质的教育效果；同时探索如何使安全教育系统保持动态发展，以满足安全科学技术进步所带来的需求并最终实现安全目标。

340. 安全伦理学（Safety Ethics）

安全伦理学，是以人本价值为取向，以提升人的安全伦理道德水平、塑造安全伦理道德观念为侧重点，以建构一套能指导、判断和评价安全行为的伦理道德原则和标准体系为目标，通过安全科学和伦理学的方法，研究与探讨安全道德的起源、特征、功能、发展、本质，处理安全获得与财富、利益获得等价值关系的学科。

341. 安全物质学（Safety Materials Science）

安全物质学，是以人的安全健康为着眼点，研究各种可能造成事故的物质状态和事故演化规律，研究控制相关风险的方法、措施和设施，从而预防事故发生的一门学科。

342. 安全生理学（Safety Physiology）

安全生理学，是指以控制和消除事故致因因素中人的生理因素、保障人员健康为目的，使用安全科学与生理学的原理方法，研究人的安全生理与行为活动，研究人的生理因素引发事故的机理与防治对策，研究危险因素对人生理的影响规律与机理，指导安全行为管理与生理健康的一门综合性学科。

343. 安全心理学（Safety Psychology）

安全心理学，是以生产经营活动中的人为研究对象，运用心理学的原理和方法，从保证生产安全、防止事故发生的角度，研究人的心理活动规律的一门科学。

安全心理学是心理科学以及安全科学的一个分支，是介于社会科学与自然科学之间的一门交叉学科。

344. 安全信息学（Safety Information Science）

安全信息学，是以人的身心安全健康为着眼点，围绕系统各要素之间的信息传递机制，研究信息不对称系统的结构、功能、演化和协同作用等规律，进而对安全信息开展对称分析、对称评价、对称设计、对称创造、对称管理、对称实践等活动，寻求安全信息最优对称化的一门科学。

345. 安全控制论（Safety Cybernetics）

安全控制论，是利用控制思想解决安全生产实际问题的理论，研究人和机器内部控制与通信规律的学科，着重于研究过程中的数学关系。综合研究各类系统的控制、信息交换、反馈调节，是跨及人类工程学、控制工程学、通信工程学、计算机工程学、一般生理学、神经生理学、心理学、数学、逻辑学、社会学等众多学科的交叉学科。

346. 安全模拟与仿真学（Safety Simulation and Emulation Science）

安全模拟与仿真学，是指依靠电子计算机技术，结合有限元、有限容积等数学方法，通过数值计算和图像显示，对安全问题进行研究与分析的学科。

347. 火灾科学与消防工程（Fire Science and Engineering）

火灾科学与消防工程，涉及燃烧、物理、化学、建筑、数学等多个领域，是通过研究火灾规律、防火灭火技术、消防指挥、火灾调查等内容，减少和降低火灾事故风险的公共安全领域学科。

348. 安全设备工程（Safety Equipment Engineering）

安全设备工程学，是通过研究设备的本质安全化，减少和预防因设备本身的不安全、不可靠原因而导致事故的学科。

349. 安全行为科学（Safety Behavior Science）

安全行为科学，是研究人的安全行为规律与控制的学科。主要揭示人的行为模式，分析影响人行为的因素，包括心理因素、社会心理因素、环境因素、社会因素、生理因素等；研究人的安全心理和事故心理的控制和管理；论述基于安全行为科学的领导理论和行为激励理论；指出人的安全意识与安全行为的关系，提出安全行为科学的应用技术与方法。

350. 安全经济指标体系（Safety Economic Index System）

安全经济指标体系，是由各种与安全因素相关的经济特征指标构成的，它必须是能够全面、科学地反映安全的任务、安全的状态、安全的效果等许多安全经济质量和数量特征的指标总和。通过这样一套合理的指标体系，安全活动、安全工程、安全工作等各方面的定量分析、评价有了依据基础，安全的设计、规划、组织、控制、调整等决策活动更为科学和合理。

351. 安全统计学（Safety Statistics）

安全统计学，是指利用统计学原理和方法，研究安全相关数据的数量表现和数量关系，揭示安全问题的本质特征与一般规律，对安全生产规律进行预测和决策，并提出具体的应对策略的一门方法论学科。

352. 安全文化（Safety Culture）

安全文化，是人类在生产活动中所创造的理念、意识、行为及物态等安全的总和，是安全价值观、安全意识、安全行为、安全工艺和安全系统等的统一体。

安全文化就是安全理念、安全意识以及在其指导下的各项行为的总称，主要包括安全观念、行为安全、系统安全、工艺安全等。

安全文化的作用是通过对人的观念、道德、伦理、态度、情感、品行等深层次的人文因素的强化，利用领导、教育、宣传、奖惩、创建群体氛围等手段，不断提高人的安全素质，改进其安全意识和行为，从而使人们从被动地服从安全管理制度转变成自觉主动地按安全要求采取行动，即从"要我遵章守法"转变成"我要遵章守法"。

353. 安全意识（Safety Consciousness）

安全意识，是人类意识的组成部分，是人类在现实生活、工作中表现出来的对安全的知、情、意三者的统一，是对环境危险性的警觉、关注、判断、防范的意识。

安全意识主要表现为对事故发生可能性的敏感程度，及时发现危险源、及时处理危险源的能力。

354. 安全技术（Safety Technology）

安全技术，是指在生产经营过程中为防止各种伤害，以及火灾、爆炸、中毒等事故，并为员工提供安全、良好的生产经营条件而采取的各种技术措施。安全技术的任务有分析造成各种事故的原因，研究防止各种事故的办法，提高设备的安全性，研讨新技术、新工艺、新设备的安全措施。

355. 事故致因理论（Accident-Causing Theory）

事故致因理论，是指探索事故发生及预防规律，阐明事故发生机理，防止事故发生的理论。

356. 海因里希法则（Heinrich Law）

海因里希法则，适用于机械领域，是指事故与伤害程度之间存在着必要性和偶然性关系的法则，即反复发生的同一类事故遵守下述比率关系：无伤害300次，轻伤29次，重伤1次，即"1∶29∶300"法则。1931年由美国安全工程师海因里希（H. W. Heinrich）提出。

357. 事故能量转移论（Energy Release Theory）

事故能量转移论，认为事故是一种不正常的或不希望的能量释放。1966年由美国安全专家哈登（W. Haddon）提出。

358. 事故频发倾向论（Accident Proneness Theory）

事故频发倾向论，认为事故在人群中并非随机分布，某些人比其他人更易发生事故。具有事故倾向是某些人稳定的、固有的特性，也就是说，一个有事故倾向的人具有较高的事故率，而与其工作、生活、经历等无关。

359. 事故扰动起源论（Theory on Perturbation Origin of Accident）

事故扰动起源论，也称为事故的"P理论"，把事故看成一组相继出现的事件链，该过程由某种扰动开始，最后以伤害或损坏告终。

360. 事故因果论（Causationism of Accident）

事故因果论，是说明事故因果关系的一系列理论。事故因果类型有集中型、连锁型、复合型以及多层次型。

361. 事故预测理论（Accident Prediction Theory）

事故预测理论，是利用概率统计的方法，对大量的事故统计资料进行统计分析，找出事故发生的规律，达到预测事故发生的目的。

362. 事故预防的3E原则（The 3E Principle of Accident Prevention）

事故预防的3E原则，是指工程技术（Engineering）、教育培训（Education）和强制管理（Enforcement）。

（1）工程技术（Engineering），运用工程技术手段消除不安全因素，实现生产工艺、机械设备等生产条件的安全。

（2）教育培训（Education），利用各种形式的教育和训练，使作业人员树立安全第一的思想，掌握安全生产所必需的知识和技能。

（3）强制管理（Enforcement），借助于法规、规范等必要的行政乃至法律的手段约束人们的行为。

363. 事故预防理论（Accident Prevention Theory）

事故预防理论，认为现代工业生产系统是人造系统，事故是可预防的。主要分为两类理论：①预防事故的宏观系统理论，采取综合、系统的对策是搞好职业安全健康和有效预防事故的基本原则。安全法制、安全管理、安全教育、安全工程技术、安全经济手段等都是目前在职业安全健康和事故预防及控制中发展起来的方法和对策。②3E对策理论，即工程技术对策、教育培训对策和强制管理对策。

364. 事故综合原因论（Comprehensive Theory of Accident Cause）

事故综合原因论，认为事故的发生不是偶然的，而是多因素综合作用的结果，包括直接原因、间接原因和基础原因。事故是社会因素、管理因素和生产中的危险因素被偶然事件触发造成的结果。

365. 系统安全（Systematic Safety）

系统安全，是指在系统运行周期内，应用系统安全管理和安全工程原理，识别、控制或消除系统中的风险，使系统在操作效率、使用寿命和投资费用的约束条件下达到最佳安全状态。

366. 行为安全（Behavioral Safety）

行为安全，是从行为科学的角度进行事故预防的一套理论和方法。

参 考 文 献

[1] 王玉普. 肩负起新时代安全生产工作历史使命[N]. 学习时报, 2018-02-02(1).

[2] 应急管理部. AQ/T 4130—2019 烟花爆竹生产过程名词术语[S]. 2019.

[3] 国家质量监督检验检疫总局. GB/T 15236—2008 职业安全卫生术语[S]. 2008.

[4] 国家市场监督管理总局. GB/T 45001—2020 职业健康安全管理体系 要求及使用指南[S]. 2020.

[5] 国家市场监督管理总局. GB/T 29639—2020 生产经营单位生产安全事故应急预案编制导则[S]. 2020.

[6] 国家质量监督检验检疫总局. GB/T 33000—2016 企业安全生产标准化基本规范[S]. 2016.

[7] 国家质量监督检验检疫总局. GB 2894—2008 安全标志及其使用导则[S]. 2008.

[8] 住房和城乡建设部. GB 50161—2009 烟花爆竹工程设计安全规范[S]. 2009.

[9] 国家标准局. GB 6441—1986 企业职工伤亡事故分类[S]. 1986.

[10] 国家标准局. GB/T 6721—1986 企业职工伤亡事故经济损失统计标准[S]. 1986.

[11] 国家质量监督检验检疫总局. GB/T 20438.1—2017 电气/电子/可编程电子安全相关系统的功能安全 第1部分：一般要求[S]. 2017.

[12] 国家质量监督检验检疫总局. GB/T 21109.3—2007 过程工业领域安全仪表系统的功能安全 第3部分：确定要求的安全完整性等级的指南[S]. 2007.

[13] 国家质量监督检验检疫总局. GB/T 27067—2017 合格评定 产品认证基础和产品认证方案指南[S]. 2017.

[14] BSI Standards Publication. BS ISO 31000：2018 Risk management - Guidelines[S]. 2018.

[15] 王玉元. 安全工程师手册[M]. 成都：四川人民出版社, 1995.

[16] 罗云. 安全行为科学[M]. 北京：北京航空航天大学出版社, 2012.

[17] 张梦欣, 孙连捷. 安全科学技术百科全书[M]. 北京：中国劳动社会保障出版社, 2003.

[18] 庄育智. 安全科学技术词典[M]. 北京：中国劳动出版社, 1991.

[19] 冯肇瑞, 叶继香. 职业安全卫生词典[M]. 成都：四川人民出版社, 1990.

[20] 江伟钰, 陈方林. 资源环境法词典[M]. 北京：中国法制出版社, 2005.

[21] 戴行信. 交通安全概论[M]. 北京：人民交通出版社, 1992.

[22] 黎益仕等. 英汉灾害管理相关基本术语集[M]. 北京：中国标准出版社, 2005.

[23] 卢岚. 安全工程[M], 天津：天津大学出版社, 2003.

[24] 马春玲, 陈学锋, 王伟. 浅谈安全成本与特性分析在煤炭管理中的应用[J]. 煤炭经济研究, 2002 (8)：52-53.

[25] 莫衡等. 当代汉语词典 [M]. 上海：上海辞书出版社, 2001.
[26] 夏保成. 西方公共安全管理 [M]. 北京：化学工业出版社, 2006.
[27] 夏利渊. 中国烟草百科知识 [M]. 北京：中国轻工业出版社, 1992.
[28] 应急救援系列丛书编委会. 应急救援基础知识 [M]. 北京：中国石化出版社, 2008.
[29] 中国大百科全书总编委会. 中国大百科全书[M]. 北京：中国大百科全书出版社, 2016.
[30] 国家环境保护总局环境监察局. 环境应急响应实用手册 [M]. 北京：中国环境科学出版社, 2007.